KB029232

뼈 탐정

법의인류학자 다이앤 프랜스

Bone Detective: The Story of Forensic Anthropologist Diane France

Copyright © 2006 National Academy of Sciences. First published in English
by The National Academies Press.
All rights reserved.

This is a translation of *Bone Detective: The Story of Forensic Anthropologist Diane France*,
Lorraine Jean Hopping; Joseph Henry Press, an imprint of The National Academies Press.

Korean translation copyright © 2017 Bookhouse Publishers Co., Ltd.
Korean translation rights arranged with The National Academies Press through
EYA(Eric Yang Agency).

이 책의 한국어판 저작권은 EYA(Eric Yang Agency)를 통해 The National Academies Press 사와의
독점 계약으로 (주)북하우스 퍼블리셔스가 소유합니다. 저작권법에 의하여 한국 내에서 보호를 받는
저작물이므로 무단전재와 무단복제를 금합니다.

뼈 탐정

법의인류학자 다이앤 프랜스

로렌 진 호핑 지음 | 한국여성과총 교육홍보출판위원회 옮김

해나무

시리즈에 대하여

이 시리즈에 나오는 이야기는 실존 여성들과 그들의 탁월한 과학적 업적을 다루고 있다. 이 여성들 중 어떤 이들은 아주 어린 나이부터 과학자가 되고 싶다는 것을 알았고, 어떤 이들은 한참 후에야 깨달았다. 어떤 이들은 업적을 쌓아가는 과정에서 개인적·사회적 장애를 극복해야 했고, 어떤 이들은 좀 더 단순하고 순탄한 길을 따랐다.

배경과 살아온 이야기는 다르지만 여기에 나오는 비범한 여성들은 하나같이 중요한 신념을 갖고 있었다. 자기가 하는 일이 매우 중요하며, 그 일이 세상을 더 좋은 곳으로 만들 수 있다는 신념이다.

수많은 여타 전기물과 달리 이 시리즈는 현역에서 활동하는 과학자들의 삶의 연대기다. 이 여성들은 다양한 방식으로 이 책을 만드는 데 참여했다. 자신의 인생에서 중요한 세부 사항을 공유

했고, 예시 자료로 쓸 수 있게 개인의 사사로운 사진들을 내놓았으며, 가족이나 친구, 동료들이 인터뷰에 응하도록 요청했고, 독자의 관심을 끌 수 있도록 자신의 전문성을 살려 과학적으로 설명해주었다.

이 시리즈는 새러 리 슈프Sara Lee Schupf와 미국 국립과학원의 전폭적인 도움이 없었다면 성사되지 못했을 것이다. 개인으로서나 조직으로서나 이들은 세상을 이해하려면 과학을 추구하는 게 중요하다는 신념으로 뭉쳐 있었다. 이들은 혁신적인 과학자가 된 지적 호기심이 많은 인물들의 이야기가 독자들에게 즐거움과 깨달음을 제공하기를 바란다. 그리고 이 이야기들이 비슷한 꿈을 좇는 재능 넘치는 이들에게 영감을 불어넣기를 희망한다. 과학 분야의 직업에 도전하는 것은 대단한 일이며, 나아가 그 보답은 훨씬 더 클 것이다.

차례

머리말

뼈에 대한 사랑

다이앤 프랜스Diane France는 뼈를 사랑한다. 대체 무슨 소리일까? 그녀의 놀라운 이야기를 듣게 되면 그 말이 무슨 뜻인지 완벽하게 이해하게 될 것이다. 다이앤은 법의학자 겸 인류학자로 '뼈 탐정'이라고 할 수 있다. 유골은 그녀를 웅장한 모험의 세계로 이끈다.

다이앤은 뼈를 찾아 온 세상을 돌아다니고 시간까지 거슬러 오른다. 어느 날은 러시아에서 1세기 전 왕족의 해골을 만나고, 어느 날은 어느 미국인 무법자의 텅 빈 눈구멍을 들여다본다. 그녀의 콜로라도 연구실 선반 위에는 남북전쟁 당시의 군인 여덟 명의 두개골이 나란히 놓여 있다.

다이앤으로서는 무엇보다도 자신의 과학적 노하우가 재난 상황에 사용될 때 보람을 느끼곤 한다. 전화를 받는 순간, 그녀는 곧장 비행기 충돌 사고, 화재, 사고, 폭탄 테러 현장으로 달려간

다. 그녀는 희생자들의 시신에서 사망 원인이 될 만한 단서를 찾는다. 시신이 없는 경우에는 숨겨진 무덤을 찾는 전문 팀과 함께 시신 수색 작업에 참여한다.

다이앤 프랜스는 왜 뼈를 좋아할까? 그녀는 어떻게 뼈 탐정이 되었을까? 조그만 마을에 사는 한 소녀 덕분에 과학은 드넓은 모험의 세계로 문을 활짝 열어젖혔다.

다이앤 프랜스는 왜 뼈를 좋아할까?

그녀는 어떻게 뼈 탐정이 되었을까?

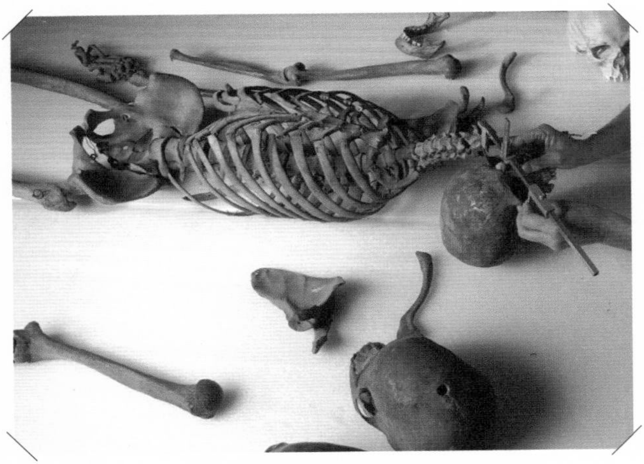

조그만 마을에 사는 한 소녀 덕분에

과학은 드넓은 모험의 세계로 가는 문을 활짝 열어젖혔다.

다이앤 프랜스은 거의 매일 뼈를 다루고 측정한다.

1장

다이앤 프랜스의 뇌

책상 위에 덩그러니 놓인 플라스틱 양동이에 뇌가 떠 있다. 손으로 쓴 표찰에는 "다이앤 프랜스의 뇌"라고 적혀 있다.

그 방을 드나드는 사람들은 그 이름을 잘 알고 있다. 다이앤 프랜스 박사는 존경받는 과학자이며 20년 가까이 근무해왔다. 여기서 일하는 많은 사람이 그녀의 친구이기도 하다.

한 방문자가 무심결에 내뱉는다. "오, 안 돼! 불쌍한 다이앤에게 무슨 일이 일어난 거야?"

사람들의 시선이 이 방문자를 보고, 양동이를 본 후, 다시 방문자로 향할 때까지 잠시 침묵이 흐른다. 그런 다음, 갑자기 모든 사람이 마구 웃기 시작한다. 킥킥거리는 웃음 속에서 누군가가 설명한다. 이 뇌가 다이앤 프랜스의 뇌라고. 맞는 말이다. 그러나 그것은 다이앤의 머릿속에 있던 뇌가 아니다. 다이앤의 뇌는 아직 살아 있고, 생각하고, 바로 이 순간에 몇 킬로미터 떨어진 다른 과학자들과 지식을 공유하고 있다.

때는 1994년이다. 다이앤은 워싱턴 D.C.에서 열린 육군병리학연구소Armed Forces Institute of Pathology, AFIP 연례회의에서 인류학 과정을 가르치는 중이다. 그녀의 관심은 뇌가 아니라 뼈에 쏠려 있다. 그녀는 참가자들에게 유골을 세밀하게 조사해 죽은 사람의 삶을 알아내는 법을 설명한다. 수업이 끝난 후 그녀는 육군병리학연구소에 있는 국립의료박물관National Museum of Health and Medicine, NMHM에 뼈 표본을 내려놓고 뇌를 집어들 생각이다. 플라스틱 양동이에 있는 뇌는 박물관에 있는 1만 개의 해부학 표본 중 하나다.

폴 슬레지크는 17세기 무덤의 내용물들을 조사해 식민지 시대 메릴랜드주 생활상 연구를 하고 있다.

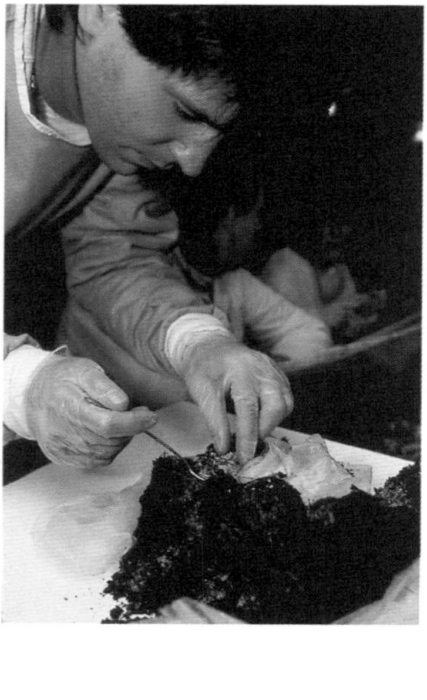

다이앤의 친구 폴 슬레지크Paul Sledzik는 국립의료박물관에서 뇌, 심장, 폐, 팔다리, 뼈, 혈액 및 피부 조직 샘플, 그 밖의 보존된 신체의 다른 부위를 담당한다. 폴은 뱀파이어 전설 전문가이기는 하지만 그

법의인류학이란 무엇인가?

인류학은 '인간에 대한 연구'라는 그리스어로부터 유래한다. 우리 인간은 복잡한 집단이므로 이를 연구하는 전문 분야도 다음과 같이 네 가지로 분류할 수 있다.

문화인류학 과거와 현재의 사회

언어인류학 언어

고고인류학 유물로 연구하는 과거의 문명

자연인류학 인간 조상과 친척을 포함해 신체의 생물학적 모든 변이를 다룬다. 형질인류학이라고도 한다.

법의인류학자는 사람의 유해가 살인에 의한 것인지, 사고 또는 재난에 의한 것인지의 여부를 조사하는 자연인류학자이다.

다이앤 프랜스가 증거 복구에 관한 수업에 활용할
가짜 범죄 현장을 만들고 있다.

때문에 이 섬뜩한 직업을 얻은 것은 아니다. 그는 자연인류학자physical anthropologist로서, 유골을 식별하는 데 능숙하다.

다이앤도 마찬가지다. 그래서 폴에게 뇌 표본을 달라고 요청하면 그가 외면하지 않으리라는 것을 잘 알고 있다.

표본은 나에게

인류학자들은 일상적으로 '표본', '해부 표본' 또는 '생물학적 시료'를 다룬다. 인류학자들은 이것들을 때때로 '조직'이라고 부른다. 이렇게 명확하지 않고 두루뭉술한 용어 때문에 때때로 인간의 진실이 가려질 때가 있다. 모든 신체 부위가 한때 살아 있는 존재였다는 사실을 말이다. 다이앤은 이 사실을 기억하고 존중하는 것이 매우 중요하다고 생각한다. 다이앤이 학생들에게 사람의 뼈를 소개할 때 가장 먼저 이야기하는 것이기도 하다. 신체 부위를 다루는 것은 때때로 섬뜩하거나 불쾌감을 주기도 한다. 이때 과학 용어를 사용하면 다소 역겹거나 부담스러운 작업을 좀 더 쉽게 처리할 수 있다.

유머도 도움이 된다. '다이앤 프랜스의 뇌' 이야기는 이미 박물관을 돌고 있다. 사실, 폴이 '그냥 어느 평범한 하루'에 대수롭지 않게 뇌 표본에 표찰을 붙인 것이 그 유머의 시작이었다. 그는 다

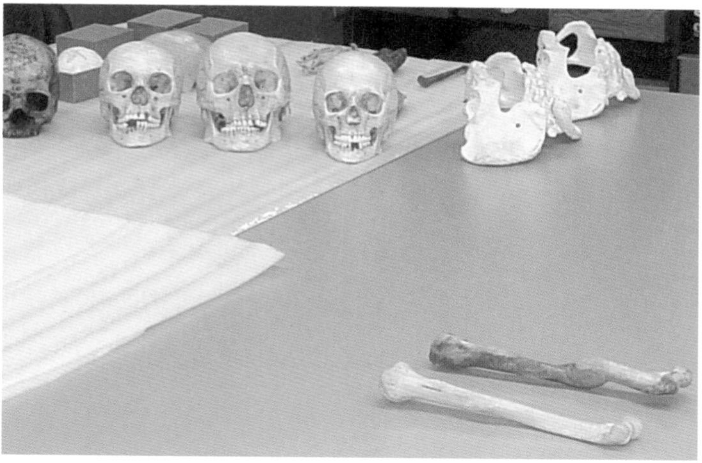

과학자들은 워싱턴 D.C.에 있는 국립의료박물관에 소장된 인체 표본을 연구한다. 남북전쟁 때부터 현재에 이르기까지 부상, 질병, 의학 치료 등을 알아보기 위해서다.

이앤이 뇌를 가져가기 전에 부지런한 큐레이터(박물관 직원)가 뇌를 선반에 다시 놓기를 원치 않았다.

다이앤은 취미가 아니라 직업으로 뇌를 수집하는 중이다. 워싱턴 D.C.에 있는 국립동물원은 전시용으로 사용할 동물 뇌의 모형(혹은 상세한 사본)을 만들기 위해 다이앤을 고용했다. 지금까지 그녀는 너트 크기의 다람쥐 뇌, 커다란 주먹만 한 오랑우탄의 뇌, 농구공만 한 긴수염고래의 뇌를 수집했다. 이 표본들은 워싱턴 D.C.의 심장부에 있는 스미스소니언협회Smithsonian Institution에서 그녀를 기다리고 있다. 조만간 그녀는 생물학자에게서 코끼리 뇌를 빌리기 위해 미시간주 디트로이트로 날아갈 것이다. 국립의료

다이앤은 두개골 고무 몰드를 만든다. 고무 몰드에 액상 플라스틱을 부으면 고품질의 두개골 모형으로 빠르게 경화된다. 다이앤의 모형은 동물원, 박물관, 학교 및 기타 해부 교육용 뼈가 필요한 사람들에게 판매된다.

박물관에 있는 '다이앤 프랜스의 뇌'는 사람의 뇌다.

국립의료박물관이 소장한 수많은 표본은 역사적인 것들이다. 박물관은 1860년대 미국 남북전쟁 당시부터 표본을 수집하기 시작했다. 그러나 폴은 '다이앤 프랜스의 뇌'가 "자연 그대로이고 최신" 것이어서 훌륭한 모형을 만들어낼 수 있을 것이라고 확신했다. 이 잘 보존된 뇌는 최근에 사망한 시신에서 나왔다. 그 시신은 의과대학 연구에 사용하기 위해 기증된 시신이었다.

신선한 뇌를 찾는 것은 상대적으로 쉬운 일이지만, 이 뇌의 모형을 만드는 것은 지적인 도전 과제가 될 것이다. 다이앤은 주로 뼈, 치아, 연골 같은 경조직 플라스틱 모형을 만들어왔는데, 뇌는 물렁물렁하고 앞뒤, 위아래로 흔들린다. 테이블 위에 하나를 올려놓으면 물이 덜 채워진 물풍선처럼 축 늘어진다. 다이앤이 뇌 모형을 만드는 동안에는 어떻게든 뇌가 본모습을 유지해야 한다. '참고할 만한' 책이 없기 때문에 다이앤은 방법을 고안하기 위해 자신의 두뇌를 사용해야 할 것이다.

정장을 입어야 하는 날

육군병리학연구소 연례회의가 끝나고, 수업을 마친 다이앤은 이제 그녀의 뼈를 싸서 육군병리학연구소에 있는 국립의료박물관으로 이동하려고 한다. 문을 여니 하늘에는 양동이로 퍼붓듯이 비가 쏟아지고 있다. 그녀는 완벽한 정장 차림을 하고 있다. 핑크색 실크 블라우스, 검은색 정장 재킷, 그에 맞춘 검은색 바지를 입고 있으며, 하이힐, 댕글링 귀고리와 기다란 금 목걸이를 하고 있다. 그녀는 우산도 없고, 차도 없다. 다행히, 그녀에게는 좋은 친구가 있다.

톰 크리스트Tom Crist는 고고학자로, 오래되고 낡은 유물에 매달려 있는 사람이다. 그러나 자동차에 한해서는 그는 늘 반짝거리는 새 차를 선호한다. 그는 다이앤에게 "황갈색 가죽 시트가 있는 진한 녹색"의 티끌 하나 없는 폰티악 보너빌에 태워주겠다고 제안한다.

생각하고 자시고 할 것도 없는 간단한 일이다. 몇 분 후, 다이앤은 뼈 상자들을 폭우가 퍼붓는 박물관 입구에 내려놓는다. 비가 그칠 조짐이 보이지 않자 톰은 다이앤이 모형을 만드는 장소인 스미스소니언협회까지 흔쾌히 데려다주겠다고 한다. 그러자, 그녀는 톰에게 뇌를 챙겨올 동안 잠시 기다려달라고 부탁한다.

그녀는 박물관을 가로질러 '다이앤 프랜스의 뇌'가 놓여 있는 작은 뒷방으로 재빠르게 건너간다. 그녀는 약 7.5리터 정도의 플라스틱 양동이를 집어든다. 양동이는 액체 고정액이 약 반 정도 들어 있어 가볍다. 포르말린 냄새가 난다. 정제된 형태의 방부제 포름알데히드만큼 톡 쏘지는 않지만 노루발풀 향이 많이 나는……. 사실, 양동이는 플라스틱 뚜껑으로 덮여서 안의 내용물은 볼 수가 없다.

쉽지 않은 일

다이앤은 박물관 로비로 돌아가면서 뇌가 너무 출렁이지 않게 하려고 애쓴다. 하이힐은 정말 도움이 되지 않는다. 사실, 하이힐이나 다른 어떤 구두도 평소 그녀가 선호하는 스타일이 아니다. 다이앤과 맬러뮤트견 모키는 콜로라도주 포트콜린스에 있는 모형제작연구실에서 맨발로 다닌다. 그곳에서 누리는 특혜 중 하나다. 단 한 명뿐인 직원은 전혀 개의치 않는다. 심지어 맨발로 강의를 하고 워크숍에서 학생을 가르치기도 한다. 긴장을 덜어보려고 시작한 습관이 굳어져 지금은 마음을 편안하게 해준다. 때로는 청중한테도 신발을 벗으라고 한다. 그러면 미소와 함께 분위기가 누그러진다.

다이앤은 양동이를 꽉 잡고 하이힐로 균형을 잡으며, 조그만 표본실 문을 열고 나온다. 그녀는 휘어진 곳을 돌고 파일 캐비닛과 선반을 지나 길고 좁은 통로를 따라 왼쪽으로 돌아서, 놋쇠와 유리로 이루어진 문을 연다. 한 손으로 미는 문으로 가장 까다로운 곳이다. 다시 양손으로 양동이를 다시 들고 긴 복도를 따라 로비로 내려간다. 그녀는 하이힐 뒷굽으로 또각, 또각, 또각 소리를 내며 대리석 바닥을 가로질러간다.

다이앤의 애완견 맬러뮤트견 모키는 다이앤의 연구실에서는 어떤 것도 냄새를 맡으면 안 된다는 것을 알고 있다. 모키는 앉아서 뼈가 지나가는 것을 보는 것으로 만족한다.

로비는 공공 전시 공간이다. 이곳은 신체 부위 표본을 전시하는 박물관으로, 눈길을 끌거나 혐오감을 주는 표본이 모두 전시되어 있다.

다이앤은 유리 상자들에 무엇이 있는지조차 알아채지 못한다. 그녀는 손에 들고 있는 표본에 온신경을 집중한다. 출입구로 나오니 비는 여전히 세차게 내리고, 톰의 차는 약 5미터 떨어진 진입로에 주차되어 있다. 달려야 할 것이다. 폴이 박물관의 네 개의 대형 문 중 하나를 연다. 다이앤은 큰 지붕이 달린 테라스로 나와 양손으로 양동이를 붙들고 폰티악 쪽으로 곧장 달려간다.

톰이 뒷문을 열어준다. 그녀는 바로 쑥 들어가 부드러운 가죽 시트 위에 철퍼덕 앉는다. 그런데 눈 깜짝할 사이에 생각지도 못한 일이 일어난다. 플라스틱 양동이가 쓰러지면서 뚜껑이 열려 그녀의 무릎 위로 뇌가 철벅 떨어진다. 생각할 겨를도 없이, 다이앤은 뇌를 퍼 담아 양동이 안으로 바로 다시 넣는다.

그런 다음에야 그녀는 깨닫는다. '앗, 뜨거.'

화상을 입는 느낌

포르말린은 다이앤의 무릎, 손, 그리고 차 곳곳에 쏟아진다. '아이고, 불쌍한 자동차!' 다이앤은 톰이 새로 뽑은 차의 고급 가죽이 직격타를 입었다는 것을 알아차린다. 그녀는 차에 정말 안 좋은 일이 일어났다고 생각한다. 그러나 그 순간 다리와 손에 불타는 듯한 느낌이 든다. 다이앤은 폭우 속으로 뛰어든다. 포르말린을 씻어내려고 말이다.

"오 이런, 여전히 화끈거려." 다이앤은 빗방울을 떨어뜨리며 말한다. 포르말린은 가까이서 냄새를 맡으면 약간 코를 찌른다. 다이앤은 포르말린 때문에 정장 바지, 실크 블라우스, 살갗이 어떻게 될지 걱정되기 시작한다. '오, 이런. 톰의 새 가죽 시트를 어쩐다.' 그녀의 살갗이 부풀어 오른다.

다이앤은 박물관의 여자 화장실로 달려간다. 그녀는 검은색 정장 바지…… 정장 재킷…… 화려한 핑크 블라우스……를 벗고 따끔거리는 살갗에 물을 마구 퍼붓는다. 마지막으로, 젖은 종이 타월로 닦아내고 나니 고통은 견딜 만한 수준으로 수그러든다. 그러나 그 순간 다이앤은 자신이 속옷 차림으로 서 있다는 것을 깨닫는다. 그녀는 블라우스를 입고 하이힐을 신고는 바닥에 놓인, 포르말린이 잔뜩 묻은 바지를 쳐다본다. '저 옷을 입을 수는 없겠어.'

화장실 문 두드리는 소리가 나더니 친숙한 목소리가 들린다. "괜찮아, 다이앤?" 폴이다. 그녀는 아팠을 때보다 더 당황하며 대답한다. "내가 입을 만한 것이 좀 있을까?"

잠시 후 문 사이로 남자용 운동 반바지를 들고 있는 팔이 보인다. 폴은 체격이 크지 않지만, 다이앤이 입기엔 폴의 반바지가 꽤 컸다. 다이앤은 호리호리하고 왜소하다. 폴의 헐렁한 반바지가 벗겨지지 않게 다이앤은 바지를 꼭 붙잡고 있어야 했다. 그녀는 바지춤을 손으로 단단히 부여잡고 하이힐을 신은 채 여자 화장실을 뻘쭘하게 걸어 나온다.

폴은 더 이상 도울 수 없다. 그가 웃음을 터뜨리자 다이앤도 웃기 시작한다. 그녀의 꼴이 말이 아니다. 이 몰골이 앞으로 계속 놀림감으로 입에 오르내리겠지만, 적어도 그녀는 괜찮으니 다행이다. 하지만 그녀는 톰의 차가 걱정이었다.

다이앤이 바지춤을 붙잡고 밖으로 나가 빗속을 달려간다. 그녀는 차 안의 바닥에 있는 양동이를 먼저 살펴본다. 뇌에 손상이 없는 걸 보고 안도한다. 포르말린이 뇌 조직을 덮을 만큼 남아 있었다. 차의 가죽 시트는 흠뻑 젖었고 거기에서 지독한 냄새가 난다. 차 시트는 언젠가 마를 것이다. 시간이 지남에 따라 포르말린 냄새가 희석되기를 바랄 뿐이다. 톰은 걱정하지 말라고 한다. 이건 그저 자동차일 뿐이라고. 하지만 '황갈색 가죽 시트가 있는 진한 녹색'의 신형 폰티악 보너빌이 그녀의 머릿속을 떠나지 않는다.

양동이에 넣기

다이앤은 오늘은 이만 일을 끝내는 것 말고는 선택의 여지가 없다고 생각한다. 톰은 그녀를 호텔에 내려준다. 같이 여행 온, 다이앤의 어머니 돌로레스가 방으로 들어오는 마흔 살 딸을 놀란 눈으로 쳐다본다. 다이앤은 한 손으로는 양동이에 담긴 뇌를 들고 있고, 다른 한 손으로는 헐렁한 운동복 바지춤을 움켜쥐고 있다. 그리고 자연에서는 맡을 수 없는 냄새를 풍기고 있다. 여전히 하이힐을 신고, 귀걸이를 하고, 금 목걸이를 차고 있었으나 이 모든 것이 우스꽝스럽게 보인다.

돌로레스는 무슨 일이 일어났는지 종잡을 수 없지만, 자기 눈

앞에 벌어진 모습 말고도 놀랄 일이 많을 것 같다. 여기 서 있는 외동딸이자 박사이자 존경 받는 과학자인 다이앤의 모습에서 예전에 다루기 힘들었던 그 말괄량이가 어른거린다. 잠시 후 돌로레스는 숙녀같이 차려입은 핀컬 머리의 다이앤한테서, 진흙 웅덩이에서 뛰놀던 딸아이의 모습을 본다. 따끈한 샤워를 하러 가면서 엄마와 딸은 행복한 웃음을 서로 나눈다.

이튿날, 다이앤은 긴 에스컬레이터를 타고 내려와 지하철을 타고 스미스소니언까지 무사히 뇌를 옮긴다. 스미스소니언 큐레이터들이 다이앤에게 다람쥐, 오랑우탄, 긴수염고래의 뇌를 넘겨주면서 손상되지나 않을까, 특히 고래의 뇌가 걱정이라고 말한다. 무게가 약 7킬로그램 정도 되는 뇌를 두 손으로 꽉 잡고, 다이앤은 자기가 숙련된 전문가라며 사람들을 안심시킨다. 다이앤은 자신이 해야 할 일을 잘 알고 있다. 그런데도 이런 생각이 머릿속을 맴돈다. '뭘 어떻게 해야 할까? 이 물컹물컹한 뇌를 어떻게 모형으로 만들지?'

예상을 훨씬 뛰어넘는 어려운 문제였다. 스미스소니언의 큐레이터 룸에서 그녀는 조심스럽게 '다이앤 프랜스의 뇌'를 책상 위에 올려놓고, 가장자리를 따라 찰흙을 바르고는 넘어지지 않게 한다. 그러나 찰흙이 테이블에 달라붙지 않으면서 뇌는 모양을 잃어버린다. 실패!

다음에, 그녀는 뇌를 냄비 안에 넣고 용기의 안쪽 가장자리 주

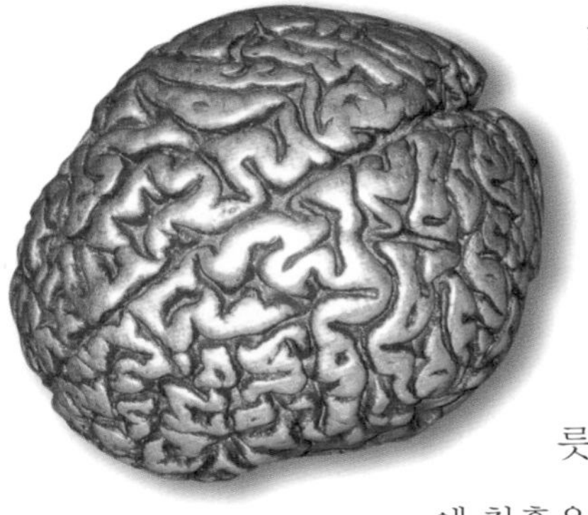

플라스틱 양동이에 들어 있던 '다이앤 프랜스의 뇌'는 청동 모형으로 만들어졌다. 이 청동 모형은 모든 주름, 고랑 및 기타 세부 구조를 그대로 살렸다.

변으로 찰흙을 조심스럽게 펴 바른다. 또 실패.

수차례의 시행착오 끝에 마침내 다이앤은 주방에서 쓰는 스테인리스 스틸 그릇을 움켜쥐고, 그릇의 둥그런 바닥에 빙 둘러진 링 안에 찰흙을 눌러 바른다. 그녀는 포르말린을 적신 종이 타월을 덧붙여서 뇌의 바닥을 촉촉하게 유지한다. 그런 다음, 그녀는 조심스럽게 뇌를 링 위에 놓는다. 성공! 액체 형태의 실리콘 고무로 꼭대기를 덮을 때까지 뇌는 그 모양을 유지한다. 고무가 굳어지며 몰드의 절반을 만든다. 몰드의 나머지 반쪽을 만들려면 뇌를 뒤집어야 한다. 임무 완수!

콜로라도로 돌아와 다이앤은 국립동물원의 '씽크탱크 전시'를 위한 청동 모형 제작에 뇌 몰드를 사용한다. 뇌 몰드는 상태가 좋아서, 다이앤은 두 개의 복사본을 만든다. 다이앤은 복사본 하나를 아버지 데이브에게 준다. 아버지는 의사이고 두 사람은 해부학과 관련된 것이라면 뭐든 기꺼이 공유한다. 다른 복사본 하나는 자신의 모험을 기념하기 위해 보관한다. 그녀가 이룬 수많은 '위대한 순간들'과 비교하면 이 사건은 그저 양동이를 엎은 것뿐이지만, 그 기억을 떠올릴 때마다 다이앤은 언제나 낄낄댈 것이

만져보세요: 워싱턴 국립동물원의 씽크탱크 전시회에서 한 소녀가 사람 뇌의 청동 모형을 만지고 있고, 다른 관람객은 코끼리 뇌의 청동 모형을 자세히 들여다보고 있다.

다. 이렇게라도 웃을 일이 있어야, 법의인류학자로서 겪을 수밖에 없는 삶의 어두운 면이 다소나마 밝아진다. 법의인류학자는 수사의 증거물인 시신(예컨대 살인 사건의 희생자)을 분석하기 때문에 자칫 삶의 어둠에 짓눌릴 수가 있다.

범죄 수사는 다이앤을 전 세계로 데려갔지만, 이 여정은 모두 월든Walden이라는 작은 마을에서 시작된다. 어린 소녀 시절 다이앤 프랜스의 머릿속은 호기심과 장난기로 가득 차 있었다.

모든 이야기는 월든이라는

작은 마을에서 시작되었다.

어린 소녀 시절 다이앤 프랜스의 머릿속은

호기심과 장난기로 가득 차 있었다.

다이앤은 걸어 다닐 때부터 진흙에서 놀기를 좋아했다.

2장

의사의 딸

10월의 어느 추운 날이었다. 다이앤은 아빠가 뼈 골격에 옷을 입히는 것을 지켜보았다. 다이앤은 그 골격을 아주 좋아했다. 기억을 거슬러 가보면 관절마다 묶여 있는 플라스틱 골격은 아버지 병원에 매달려 있었다.

아빠는 늘 뼈 골격을 보여주면서 환자들에게 뼈가 어떻게 생겼는지 알려줬다. 하지만 그날은 핼러윈이었기 때문에 골격의 이빨에 시가를 물리고, 한 손에는 칼을, 다른 손에는 호박을 들렸다. 우우! 그는 골격을 무섭게 장식했다. 창가의 빛이 밑에서 위로 비추어져 으스스한 분위기가 감돌았다. 그는 심지어 가슴에 병든 폐 사진을 붙여 흡연이 얼마나 나쁜지 알리려 했다.

아빠는 뼈를 담은 가방을 들고, 엄마가 만들어준 새빨간 악마

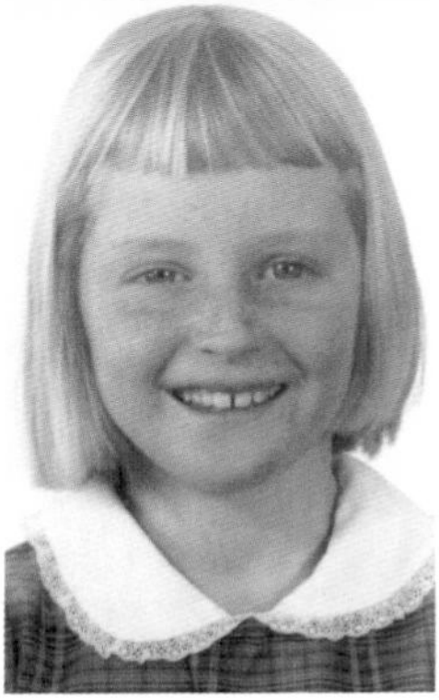
다이앤은 늘 깔끔한 드레스에 하얀 구두를 신고, 앞머리를 단정하게 빗은 다음 사진을 찍었다.

정장을 입었다. 거기에는 마스크, 뿔이 두 개 달린 후드, 길고 구불구불한 꼬리가 달렸다. 온 마을 사람들이 아빠와 엄마의 핼러윈 작품에 웃음을 터뜨렸다.

"온 마을 사람들"이라고 한 것은 과장이 아니었다. 1960년 콜로라도주 월든에는 약 800명이 살았는데, 이들은 모두 프랜스 의사 부부를 알고 있었다. 모든 사람들이 "그"라고 부르는 데이브는 로키 산맥의 광활한 황무지에 사는 유일한 의사였다. 그는 부러진 뼈를 맞추고, 상처를 꿰매고, 편도선을 떼어내고, 그 밖의 온갖 질병이나 부상을 치료했다. 낮이고 밤이고 다이앤의 아빠는 딸내미의 친구들을 포함해 대부분의 아기가 태어날 때 그곳에 있었다.

누군가 죽으면, 아빠는 의사에서 검시관으로 역할을 바꾸어 시신을 취급했다. 그 의사에게 전문 분야가 있다면, 물고기에서 낚싯바늘을 제거하는 것이었다. 먹음직스런 물고기는 물론이려니와 어설픈 어부한테서도 종종 낚싯바늘을 빼내곤 했다. 월든은 미국 최고의 낚시터 중 하나였다.

자동차 안의 악마

마을의 유일한 의사인 아빠는 24시간 응급 상황에 불려갔다. 문을 두드리거나 전화가 걸려오면 아빠는 왕진 가방을 들고 밤에도 사라졌다. 그날 핼러윈 저녁도 예외가 아니었다. 아빠는 핼러윈 파티 중간에 자리를 떠야만 했다.

이번 환자는 천공성 궤양으로 장에 구멍이 뚫려 응급 수술이 필요했다. 가장 가까운 병원은 와이오밍주 래라미Laramie에 있어 차를 타고 한 시간 이상 가야 했다. 월든에 구급차는 없지만 우체국에 스테이션왜건이 있었다. 그는 옷을 갈아입을 시간이 없어 여전히 붉은 악마 정장을 입고 있었다. 의사는 환자를 우편 차량에 싣고 진통제를 먹였다.

환자는 이미 술을 마신 상태였고, 약과 술기운에 꾸벅꾸벅 졸았다. 장시간 운전하는 동안, 환자는 깨어났다가 차에 있는 붉은 악마를 보고 다시 정신을 잃었다. 그 남자는 래라미에 도착할 때까지 자기가 매우 나쁜 곳에 있다고 믿었다. '사탄'이 위에 서서 자기 눈을 똑바로 들여다보고 있는 게 아닌가. 환자는 정신이 퍼뜩 들었다. 좀 있으면 수술하고 있는 악마를 만날 판이었다.

아빠는 '자동차 안의 악마' 이야기를 여러 번 재미있게 이야기했다. 다이앤은 그 이야기를 들을 때마다 웃었다. 시골 의사의 서부 활극 같은 모험담이었다. 월든은 다이앤이 가장 좋아하는 TV

다이앤은 TV 드라마 〈보난자〉의 등장인물들이 서명한 사진을 보물처럼 소중히 여겼다. 서명이 담긴 사진을 갖고 있는 사람이 있으려나?

드라마 〈보난자Bonanza〉에 나오는 서부 마을과 비슷하게 생겼다. 다이앤 가족은 매주 일요일 저녁이면 모두 모여 탄산음료와 팝콘을 먹으며 〈보난자〉를 보았다. 다이앤은 〈보난자〉 등장인물들의 자필 서명이 담긴 사진을 보물처럼 소중하게 간직했다.

완벽한 그림

월든의 중심가는 두 블록밖에 안 되지만 페어 쉐어 식료품점, 쇼버 약국, 월든 카페, 파크 극장(매주 수요일 밤 '25센트 영화!'), 스포츠 용품점, 호텔, 술집 두 곳, 주유소 등이 있었다. 거리에는 기둥이 인상적인 카운티 법원 청사가 자리 잡고 있었다.

그러나 이 모든 건물뿐 아니라, 마을의 넓은 바닥 전체에 산쑥과 잔디가 깔려 있었다. 풍성한 목초지는 사방으로 뻗어가다가 래빗 이어스나 메디신 보우라는 이름의 회색 산 능선 가장자리에서 멈추었다.

프랜스 가족은 1954년 5월 11일에 다이앤이 태어난 직후 이 그림같이 완벽한 장소로 이사했다. 1957년에는 동생 마이크가 태

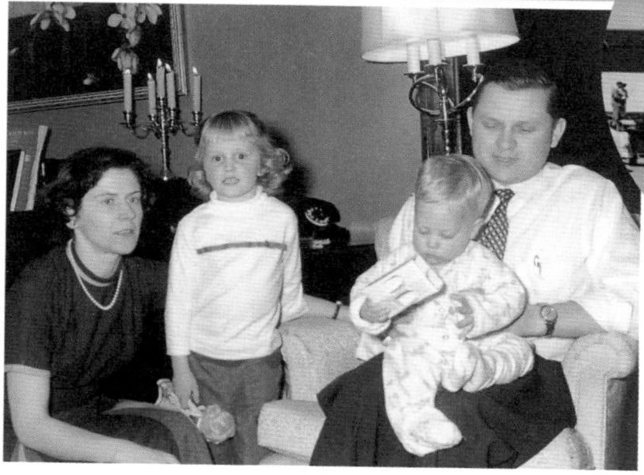

위, 삽입 사진 : 다이앤의 고향 콜로라도주 월든은 1950년대 후반 그녀가 그곳에서 자라고 있을 때 인구가 약 800명 정도였다. **왼쪽 사진** : 엄마, 다이앤, 동생, 아빠가 함께 찍은 가족 사진.

어났다.

두 아이가 모두 학교에 가면 엄마 돌로레스는 남편 병원에서 근무했다. 예약을 받고, 환자를 맞이하고, 의료 도구를 살균하고, 주삿바늘을 예리하게 하는 등 온갖 일을 했다.

병원은 집에서 몇 블록 떨어진 곳에 있었다. 프랜스 가족은 옆집에 사는 다이앤의 친구 조이 프라이스Joy Price와 길 건너에 사

위 사진 : 열 살의 다이앤 프랜스(왼쪽)가 친구 조이 프라이스, 아빠의 조수, 남동생 마이크, 월든의 유일한 의사 데이브 프랜스와 함께 진료소 밖에 서 있다. **왼쪽 사진** : 해리슨 가에 있는 프랜스네 집.

는 다른 친구 루앤 바이비LuAnn Bybee와 함께 언덕이 있는 거리에서 살았다. 다이앤은 마을에서 '의사의 딸'로 알려져 있었다. 조이의 아빠는 카운티 법원 청사에서 일해서, 조이는 '판사의 딸'이었다. 몇 살 아래인 루앤은 '가겟집 딸'이었다. 루앤 아빠는 스포츠용품과 월든 카페를 운영했다.

학교 아이들은 그 거리를 장난으로 스놉 힐Snob Hill(부자에 잘난 척하는 사람들이 사는 곳)이라고 불렀지만, 거기 사는 가구 중에 부자는 없었다. 사실, 다이앤은 자전거를 사려고 여름에 민들레 제초 작업을 하며 푼돈을 벌기도 했다.

엄마의 엄격한 규칙

프랜스네에서는 열심히 일하는 것도 중요했지만 모범을 보이는 것이 가장 중요했다. 의사의 딸 다이앤은 무엇이든 잘해낼 거라는 주변의 기대가 컸다. 그녀가 할 만한 가장 나쁜 짓이라고 해봐야 성적이 떨어지거나 말썽을 부려 가족을 난처하게 하는 것이었다. 하지만 쉽지 않았다. 이 작은 마을에서는 모두가 남의 집 사정을 손바닥 들여다보듯 훤히 알고 있었다. 부모는 자녀가 누구와 친하게 지내는지 지켜보았다.

돌로레스 프랜스는 두 아이가 말썽부리지 않고 조신하게 처신하도록 훈육했다. 엄마의 규칙은 엄격했다. 다른 아이들처럼 마블 게임을 하거나 거리에서 공을 차는 게 다이앤에게는 허용되지 않았다.

한동안 부모는 다이앤이 길을 건너지도, 혼자 다니지도 못하게 했다. 다이앤이 조이와 루앤과 어딘가에, 예컨대 가겟집에 가거나 강에서 튜브를 타고 싶다고 하면, 대답은 늘 한결같았다. “안 돼. 얘기 끝!” 다이앤이 여러 번 물어도 엄마는 그 이유를 말해준 적이 없었다. 가장 엄한 규칙은 따로 있었다. 엄마가 잘 모르거나 허락하지 않은 아이들과는 놀아선 안 된다는 규칙이었다.

길 건너, 루앤네 옆집에 사는 ‘장관의 딸’ 이나 매트니Ina Matney는 다이앤과 나이가 비슷했다. 부럽게도, 이나네는 얼룩무늬 말

다이앤(왼쪽)과 조이는 불라(개), 썰매 타기, 자전거 타기, 수영, 워키토키를 가지고 스파이 흉내 내기를 좋아했다. 조이는 "다이앤은 친구라기보다 여자 형제 같았어요."라고 말했다.

이 한 마리 있었다. 다이앤은 말을 타도 되는지 묻기 부끄러웠지만, 기회가 있을 때마다 말을 탔다. 이나는 가끔 다이앤을 집으로 불렀다. 장관의 딸도 다이앤처럼, 아니 한술 더 뜨는 말괄량이였다. 이나는 말을 탈 때 아슬아슬한 기술을 썼다. 말 옆에 매달리고, 말 등에서 일어서며, 뒤에서 뛰어 올라타곤 했다. 다이앤도 몇 가지 기술을 배웠으나, 전부 위험하지 않은 것들이었다.

어느 날 엄마는 말 근처에 못 가게 하는 규칙을 만들었다. 당연히 이나도 만나지 못하게 했다. 두 소녀가 닫힌 문 밖에서 씩씩거리는 동안, 다이앤의 엄마는 집 안에서 이나 엄마에게 둘이 더 이상 못 놀게 하겠다고 말했다. 심지어 다이앤은 이나에게 말을 붙일 수도 없었다. 상당히 치졸한 조치였다.

다이앤은 상심이 컸다. 엄마가 이유를 말해주지 않으니 화가 치솟았다. 어쩌면 이나는 너무 거칠고 무모할지도 모른다. 엄마는 다이앤에게 늘 더 여성스럽게 행동하라고 잔소리를 늘어놓았다. 숙녀처럼 행동하는 것은 의사의 딸에게 선택이 아니라 의무였다.

'동생 마이크 처지가 훨씬 낫다니까!' 사람들이 다이앤에게 원하는 것은 분명했다. 남자가 낚시 가고, 운동장에서 뛰노는 동안,

여자는 요리하고, 청소하고, 옷을 차려입으라는 것이었다. 그것 말고 또 뭐가 있으랴!

악취의 과학

조이와 루앤은 바비 인형을 가지고 놀았으며 멋진 옷을 입는 것을 좋아했다. 조이는 망사 스타킹, 고고 부츠, 녹색 미니스커트, 조끼에 금색 스웨이드 모자를 썼다. 루앤은 TV 쇼 〈래프인Laugh-In〉에 나오는 골디 혼Goldie Hawn처럼 뒤로 삐져나와 불편하게 하는 머리 모양을 했다. 조이와 루앤은 엘비스 프레슬리Elvis Presley가 나오는 영화에서 소녀들이 무엇을 입고 있는지 유심히 관찰했다.

영화 속 소녀들은 항상 잘 차려입었지만, 다이앤은 '소녀 취향의 물건'에는 관심이 없었다. 그녀는 바비 인형이 너무 싫어서 조그만 건초 더미에 처박아놓았다. 그녀는 구두 상자에 인형을 넣고 나머지 공간은 갓 깎은 잔디로 상자를 꽉 채웠다. 그녀가 구두 상자를 거꾸로 뒤집으면 잔디 뭉치가 녹색 젤리처럼 상자에서 삐져나왔다.

다이앤은 과학, 특히 동물과 관련된 것이라면 다 좋아했다. 유치원 '남자 친구'인 리처드 스미스Richard Smith는 건초 더미에서 발견한 땅다람쥐gopher를 다이앤에게 주었다. 그녀는 몰래 땅다람쥐를 길렀다. 그러다 하필 잠시 들렀던 할머니 댁 침대에서 땅다람쥐가 갑자기 튀어나오는 바람에 할머니가 놀라고 말았다. 새 규칙이 선포되었다. "집에 더 이상 땅다람쥐는 없다." 다이앤은 땅다람쥐의 꼬리를 파란색으로 칠했다. 혹시라도 바깥에서 마주치면 꼬리를 보고 구별할 수 있지 않을까 생각했기 때문이다. 그러고 나서 땅다람쥐를 풀어주었다.

수요일 오후와 토요일은 아빠가 병원에 나가지 않는 시간이었다. 다이앤은 아빠의 현미경을 목초지로 가져갔다. 그녀는 파란색 꼬리 땅다람쥐를 다시는 보지 못했지만, 암석, 뼈, 씨앗, 사슴뿔, 올챙이 등을 집으로 가져왔다. 그녀는 올챙이를 물웅덩이에 넣고, 루앤과 함께 올챙이가 개구리로 자라 뛰어다닐 때까지 매일 새끼 양서류를 관찰했다.

다이앤은 지하실에 화학 약품들을 보관했다. 조이와 루앤은 다이앤이 페놀프탈레인을 알려주기 전까지는 화학 약품들에 관심이 전혀 없었다. 페놀프탈레인에 제산제나 다른 알칼리를 첨가하면 무색의 액체가 분홍색으로 변했다.

거기에, 산성 용액(예를 들어, 식초나 레몬즙)을 몇 방울 떨어뜨리면 다시 무색으로 변했다. 세 여자아이 모두 정말 신기해했다.

또 다이앤은 친구에게 '보이지 않는 잉크', 즉 말리거나 전구 가까이에 대서 따뜻하게 하면 글씨가 나타나는 레몬주스로 비밀 메시지를 주고받았다. 언젠가는 직접 만든 악취 폭탄이 실제로 작동해서 스스로 자랑스러워했다. 그녀는 이 악취 폭탄이 안정적으로 오래 작동하도록 제조법에 왁스를 첨가해 사용해보고는 혼자 낄낄대곤 했다. 그녀 자신도 잘 몰랐지만, 그녀는 해골, 동물, 화학 물질 같은 과학 분야에 대한 관심이 너무도 커서 어느 것 하나 허투루 넘어가지 않았다.

어느 날 엄마가 말했다. "다이앤, 너는 간호사가 되는 것이 어때?" "그게 무슨 소리야!" 하고 아빠가 말했다. "의사가 되거라. 너는 지시받는 걸 싫어하잖니."

다이앤은 의사, 특히 수의사는 더욱 되고 싶지 않았지만 아버지의 메시지는 그녀에게 스며들었다. 그녀는 '남자 직업'이든 '여자 직업'이든 상관없이 최고가 되어야 했다. 적당히 하는 것으로는 절대 만족하지 않았다.

정상을 목표로

다이앤은 열세 살 때 BB총 쏘는 법을 배웠고, 1967년 제이시스 사격 대회 출전을 목표로 삼아 연습했다. 그녀는 지역 목장주와 사냥꾼 자녀들을 누르고 우승을 차지했다. 음악에도 소질이 있어 다이앤과 조이는 음악 경진대회에서 플루트 듀엣 연주로 메달을 휩쓸었다. 고등학교 때에는 연극반, 신문반, 정치반에 가입해

동아리 활동을 했으며, 일당 1달러를 벌겠다고 방과 후에 식료품 창고에서 아르바이트를 하기도 했다. 게다가 그녀는 우등생이었고, 모든 일에 최선을 다하려고 노력했다.

이 모든 성과 덕분에 다이앤은 고등학교 3학년이 되기 전 1971년 여름에, 마을 경연 대회에서 우승을 차지했다. 경품은 몇 달 동안의 핀란드 여행이었다. 초대 가정은 핀란드 헬싱키에서 북쪽으로 약 한 시간 정도 떨어진 사비오Savio의 소규모 공업 도시에 살았고, 영어는 잘 못했지만, 다른 일들은 잘하는 다이앤 또래의 딸이 있었다.

처음에 다이앤은 향수병에 시달렸다. 그녀는 남자친구 킵 버너Kip Varner가 그리웠다. 킵은 다이앤보다 나이가 한 살 위였고 대학에 진학해 월든을 떠났다. 킵은 똑똑하고 잘생겼으며 짓궂은 장난을 잘 쳤다. 다이앤은 킵처럼 일을 잘 처리하는 사람을 좋아했으며, 그의 장난도 매력적이라고 생각했다. 그 장난에 대가가 따르더라도 괜찮았다. 어느 날 밤 킵과 조이의 남자친구는 여자들을 꼬드겨 도요새 사냥을 나갔다.

다이앤은 도요새라는 이름을 들어본 적도 없지만 속아 넘어갔다. 여자아이들은 수풀 아래쪽 여러 곳을 손전등으로 비추고 나서야 있지도 않은 짐승을 찾고 있다는 것을 깨달았다.

다이앤은 킵이 어떤 표정을 지을지 떠올리며 미소를 지었다. 킵과 두 형제는 덫에 걸린 채 살아 있는 스컹크를 잡았는데, 스컹크

다이앤 프랜스가 열일곱 살 때인 1971년 여름에 핀란드 사비오에서 어느 모임에 참석해 기타를 연주하고 있다. 사비오는 헬싱키 북쪽에 있으며, 다이앤은 자기를 초대한 집에서 살았다.

는 즉시 빙빙 돌며 냄새를 뿜었다. 아이들은 옷을 태우고 토마토 주스로 여러 번 목욕을 해서 악취를 제거해야 했다. '그것 참 재미있군!'

다이앤은 가족이 보고 싶었다. 그래도 남동생의 장난까지 그립지는 않았다. 그녀가 열다섯 살이고 마이크가 열한 살이었을 때, 아직 변성기가 오지 않은 남동생은 누나처럼 목소리가 하이 톤이었다.

어느 날 킵의 전화를 마이크가 받았다. 킵은 전화를 받은 사람이 새 여자친구인 다이앤이라고 생각했고, 마이크는 한참 동안 그런 척했다. 심지어 마이크는 킵과 '데이트 약속'까지 잡았다. 킵이 집 앞까지 데리러왔을 때 다이앤은 나가면서 어리둥절했다. 그러고는 다이앤은 남동생이 무슨 짓을 했는지 금세 알아챘다.

다이앤은 엄격한 규칙, 특히 데이트 규칙을 어기지 않았다. 데이트가 끝난 후, 킵은 제시간에 그녀를 집에 데려다주었다. 대개 아빠가 창가에서 지켜보고 있었기 때문이다. 다이앤과 킵이 차도에서 대화를 끝내면, 아빠는 현관 등을 껐다 켰다 하면서 깜박였다. 이것은 아빠가 다이앤에게 "이제 들어와라."라고 압박하는 미묘한 방법이었다.

최고가 되기 위해

1971년 여름, 다이앤은 대화가 가능할 만큼 핀란드어를 익혔다. 그녀는 대부분의 미국인에게는 낯선 음식인 요구르트의 맛과 여행의 즐거움을 알게 되었다. 새로운 사람들을 만나고 새로운 장소를 찾아다니는 것은 대단한 모험이라고 생각했다. 무엇보다도, 여름이 지나 월든으로 돌아온 다이앤에게는 멋진 이야깃거리가 한 보따리였다. 그러나 부모의 엄격한 지붕 밑으로 다시 돌아오자, 다이앤의 관심사는 여성다운 것으로 제한되었다.

다이앤(왼쪽)이 핀란드의 가족 목장에서 일하고 있다. 다이앤을 초대한 가족의 딸 중 한 명은 나중에 콜로라도에서 다이앤의 가족과 여름을 보냈다.

다이앤은 최선을 다해 예절 바르게 잘 행동해왔다고 가족에게 말했다. 그녀는 초대 가정의 목장에서 수작업으로 건초를 자르고 쌓아올리는 일을 했다. 목장 일을 도운 대가로 그들은 핀란드어를 가르쳐주었다. 그들이 단어를 말하고, 다이앤이 그것을 따라 하면 사람들이 웃었다. 미국식 억양 때문이라고 생각하고 다이앤은 발음 연습을 더 열심히 했다. 나중에, 교회 사람들과 버스 여행을 하면서 다이앤은 시험 삼아 새로 익힌 단어를 말해보았다. 교회 여자들은 끔찍하다는 표정을 지었다.

다이앤은 의아했지만, 나중에야 그 이유를 깨달았다. "목장 일을 도우면서" 그녀는 걸쭉한 농담을 꽤 많이 배웠던 것이었다. 다이앤이 새로 익힌 핀란드어는 결코 여성스러운 것이 아니었다.

다이앤은 고등학교 졸업반 때 반 1등을 목표로 실력을 쌓아갔다. 성적에 관한 한, 다이앤은 29명의 급우들을 신경 쓰지 않았다. 그러나 브렛Brett이라는 남학생과는 서른 번 넘게 서로 앞서거니 뒤서거니 했다. 다이앤은 경쟁심이 생겨 더 열심히 공부했다. 1972년 6월 노스파크 고등학교를 졸업하는 31명의 졸업생에서 다이앤의 최종 순위는 2등이었다. 다이앤이 브렛보다 몇 백분의 1점 낮았던 것이다. 물론, 차석도 대단한 것이었다! 졸업식 때 다이앤은 내빈 환영사를 맡았다. 하지만 다이앤의 머릿속에는 이런 생각이 앞섰다. '거의 다 왔는데⋯⋯ 그렇게 간발의 차이로 1등을 놓치다니!'

노스파크에서 내빈 환영사를 한 이 졸업생은 집에서 두 시간

노스파크 고등학교 연감을 보면, 재주 많고 의젓한 다이앤이 나팔바지와 미니스커트를 입고 찍은 사진이 있다. 그 밖에도 그녀는 총을 쏘고 플루트를 연주하고 악취 폭탄을 제조했다.

NORTH PARK HIGH SCHOOL

COMMENCEMENT ACTIVITIES

ELEMENTARY GYMNASIUM

BACCALAUREATE MAY 28 - 8:00 P.M.

COMMENCEMENT JUNE 2 - 8:00 P.M.

- 1972 -

거리도 안 되는 대학을 선택했다. 포트콜린스에 있는 콜로라도 주립대학교는 수천 명의 학생들로 가득 찬 고층 건물의 미로였다. 신입생 수업만 해도 월든의 전체 인구보다 훨씬 더 많은 사람들로 북적거렸다.

규모가 큰 학교의 장점 중 하나는 전공 선택의 폭이 넓다는 점이다. 다이앤은 부모에게 해양생물학을 전공하고 싶다고 말했다. 그녀는 자크 쿠스토Jacques Cousteau의 해양 탐험 영화를 좋아했으며 동물을 사랑했다. 그녀에게 해양생물학은 합리적인 선택처럼 보였다.

아버지는 "미국 콜로라도에는 바다가 아니라 산이 있지."라고 지적했다.

다이앤은 상관하지 않았다. 스쿠버다이빙 좀 모르기로서니 그게 뭐 어떻다는 것인가. 총 쏘는 법을 배우고, 플루트와 핀란드어를 배웠듯이 까짓것 배우면 된다. 게다가, 그녀는 4년 만에 콜로라도 주립대학교를 졸업한 다음, 좀 더 공부하기 위해 캘리포니아로 이주할 수도 있었다.

열여덟 살의 다이앤 프랜스는 여느 십대 청소년이 할 수 있는 일뿐 아니라 의사의 딸 역할도 충실히 했다. 이제 자신이 원하는 것을 자유롭게 할 수 있었다. 어쩌면 너무 자유로웠는지도 모른다.

1972년은 권위에 대항하는

투쟁의 시기였다.

캘리포니아 대학교 학생들이 베트남 전쟁(1964~1975)에 반대하는 시위를 벌이고 있다. 평화 운동은 콜로라도 주립대학교를 포함해 전국의 대학 캠퍼스를 휩쓸었다.

3장

열정을 바칠 대상

다이앤 프랜스는 작은 마을 출신으론 처음으로 큰 규모의 대학교를 다니는, 모험심 가득한 소녀였다. 그녀는 자유에 현기증을 느꼈고 그 열기가 조금 놀랍기도 했다.

1972년은 권위에 대항하는 투쟁의 시기였다. 자동차 범퍼에 붙은 스티커에는 "서른 살 이상은 아무도 믿지 마라."라는 경고 메시지를 던졌다. 여성들은 "동일 노동 동일 임금"을 요구하며 남녀차별에 맞서 싸웠다. 리처드 닉슨Richard Nixon(미국 37대 대통령)과 그 부하들은 워터게이트 스캔들에 짓눌려 급속히 몰락해갔다. 학생들은 연일 시위를 벌였고 베트남 전쟁을 반대하며 행진했다.

시위 사이에는, 다이앤이 보기엔 누구나 원하기만 하면 언제든 밤새워 파티를 하거나 수업을 빠지는 것 같았다. 전반적인 분위기

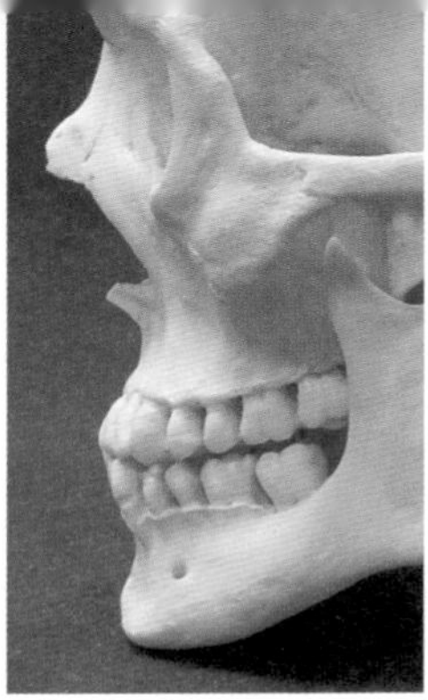

다이앤이 뼈에 흥미를 보이기 시작한 것은 대학교 시절부터였다.

가 "좋다고 생각하면 그렇게 하라."였다. 다이앤은 콜로라도 주립대학교에서 의사의 딸이라고 불리지 않았다. '이제 내가 하고 싶은 걸 할 수 있어. 본보기가 될 필요도 없고.' 그녀는 공부를 할 수도 하지 않을 수도 있었고, 모임에 갈 수도 가지 않을 수도 있었다. 원할 때마다 호스투스Horsetooth 저수지로 가서 쉴 수 있었다. 무엇을 하든 그건 그녀의 선택이었고 어느 누구도 그녀에게 "안 돼. 얘기 끝!"이라고 말할 수 없었다. 과학과 수학 수업에 부담도 많았지만 그녀는 요령을 피울 수 있다고 생각했다. 다이앤은 여태껏 늘 모범생으로 살아왔다. 이제부터는 멋진 시간을 보내기로 결정했다.

그러나 첫 학기가 끝날 무렵, 그녀는 성적 불량으로 대학교에서 쫓겨났다.

두 번째 선택?

월든에 돌아와 보낸 크리스마스는 다이앤의 인생에서 가장 굴욕적인 시간이었다. 고향에선 큰 기대를 걸고 대학교에 보냈건만, 퇴학을 당했던 것이다. 그녀가 퇴학당한 것을 월든의 모든 사람이 알고 있었다. 사람들이 좋게 대해주긴 했지만 그녀는 시중에 어떤 말이 떠도는지 알고 있었다.

다이앤의 부모는 화가 나서 어쩔 줄 몰라 했다. 딸아이는 고등학교를 차석으로 졸업하지 않았던가! 이런 일은 상상도 못 했다.

"다이앤이 어쩌다 이 지경이 됐을까요? 애가 다른 대안을 찾아야 할 텐데 말이에요." 돌로레스는 의아했다.

"대안이고 뭐고 간에 집에서 쫓아내버려요." 데이브는 반은 농담조로 대꾸했다.

연휴 기간 내내 아버지와 어머니는 다이앤과 함께 있으려고 하지 않았다. 부모의 이러한 태도는 다음과 같은 메시지나 다름없었다. "만약 대학을 졸업하지 못하거나 좋은 직장을 갖지 못한다면, 넌 인생의 낙오자야." 부모의 태도가 지나쳤지만 다이앤에겐 놀랍지 않았다. 부모는 딸이 항상 뛰어나길 바랐다. 지금까지 다이앤은 부모의 높은 기대를 만족시키려고 최선을 다했다. 하지만 이번에는 그런 시도조차 하지 않았다.

다이앤은 자기 딴에는 괜찮지만 갑자기 생긴 자유가 썩 기분 좋을 리 없었다. 그녀는 공부를 안 하는 어리석은 선택을 했지만 이제 새로운 선택을 해야 했다. 그녀는 실패를 받아들이고 싶지 않았다. 대학의 결정은 끝났고, 그 실수를 되돌리기엔 너무 늦었을지 몰라도 그녀는 시도해야만 했다. 연휴가 끝나자마자 그녀는 학교로 돌아가 학장실을 찾았다. 다시 학교에 다닐 수 있게 해달라고 부탁했다.

수많은 십대 퇴학생을 지켜봐온 학장은 "너는 아직 학교 다닐 준비가 안 된 것 같은데."라고 말했다.

"전 준비됐어요." 다이앤은 확고히 말했다. "저는 정말 여기 있고 싶어요." 그녀는 자신의 고등학교 성적을 언급했다. 갑자기 그녀는 자신이 고등학교를 차석으로 졸업했다는 사실이 고맙고 자랑스러워졌다. 다이앤의 고등학교 성적이야말로 학장 앞에 서 있을 확실한 근거였다.

"다시 열심히 할 수 있어요." 그녀는 학장에게 약속했다. "기회를 주신다면, 좋은 성적을 받을게요."

학장은 다이앤이 학교로 돌아오도록 허락해줬다. 일종의 가등록이었다. 이는 그녀가 다음 학기에 열심히 공부했다는 것을 입증해 보이거나 또는 떠나거나 해야 한다는 것을 의미했다. 첫 학기 때 받은 좋지 못한 성적이 그대로 남아 있어서 그것까지 보완하려면 더 많은 노력을 기울여야 했다.

인류학과의 만남

다이앤은 수학과 과학 수업을 모두 재수강했다. 정신을 차린 그녀는 파티에서 어울리던 사람들과 연락을 끊었고, A, B학점을 목표로 아주 열심히 공부했다. 그녀는 캘리포니아에서 해양생물학자로 살아가는 인생을 다시 꿈꾸기 시작했다. 그러다 1학년 마지막 학기 때 들은 어느 수업이 그녀의 삶을 바꿔놓았다. 인류학이었다. 그 수업을 정말 좋아했기에 그녀는 이듬해에도 인류학 심화 과정을 수강했다. 그녀는 자기 인생에서 열정을 바칠 대상이 뼈라는 것을 알게 되었다.

골격의 뼛조각을 맞추는 것은 그림 맞추기 퍼즐을 푸는 것 같았다. 쥐부터 공룡까지 지구에 있는 모든 척추동물은 같은 주형에서 만들어진 것처럼 보였다. 척추동물의 뼈대는 동일한 부위에 동일한 기본 뼈가 있고 척추 주변에 모여 있다. 그 뼈들은 그 동물이 어떻게 움직이고 살아가느냐에 따라 크기나 세부 사항이 달랐지만 대부분 대퇴골(넓다리뼈)은 그냥 대퇴골이었다.

다이앤은 정체불명의 뼈를 규명하는 일에도 빠져들었다. 그녀는 또 다른 학생 마이크 기어Mike Gear와 선의의 경쟁을 했다. 그 대학 인류학 실험실에는 연결되지 않은 뼈들을 보관하는 사물함이 줄지어 있었다. 이 뼈들은 고고학 발굴 작업을 통해 수거한 것으로 연도별로 정리되어 있지만 각각의 뼈가 어떤 뼈인지는 밝혀지지 않았다. 매시간 마이크와 다이앤은 뼈 세트를 집어 들고 서로에게 질문했다. "이건 사람 뼈일까? 아닐까? 요골(노뼈) 아니면 척골(자뼈)? 오른쪽 견갑골(어깨뼈) 아니면 왼쪽 견갑골? 넷째 늑골(갈비뼈) 아니면 다섯째?"

모양과 크기를 넘어서 다이앤은 질감을 알아보는 방법을 터득

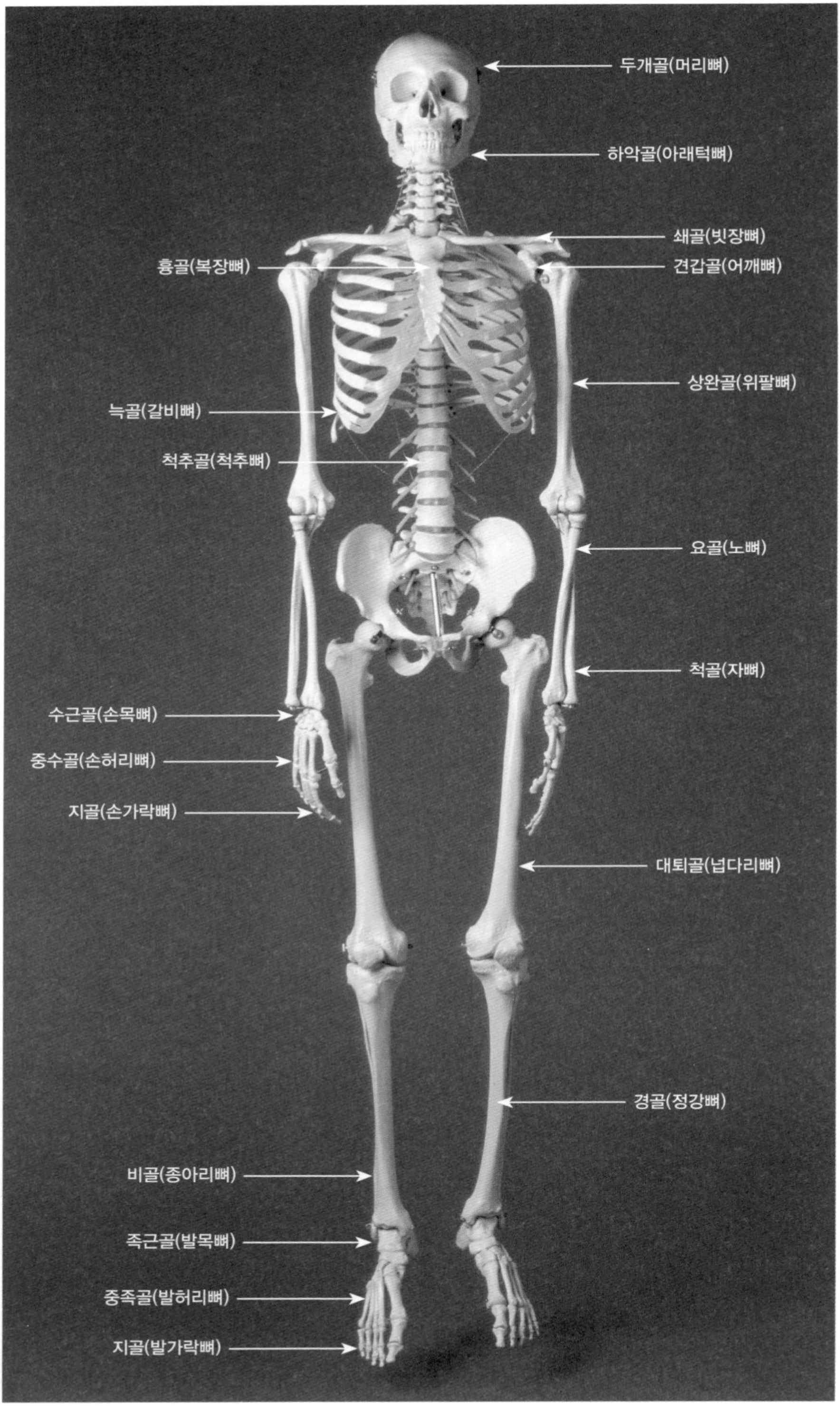
두개골(머리뼈)
하악골(아래턱뼈)
쇄골(빗장뼈)
흉골(복장뼈)
견갑골(어깨뼈)
상완골(위팔뼈)
늑골(갈비뼈)
척추골(척추뼈)
요골(노뼈)
척골(자뼈)
수근골(손목뼈)
중수골(손허리뼈)
지골(손가락뼈)
대퇴골(넙다리뼈)
경골(정강뼈)
비골(종아리뼈)
족근골(발목뼈)
중족골(발허리뼈)
지골(발가락뼈)

했다. 그녀는 대퇴골 머리가 매끈하기 때문에 관골(볼기뼈) 절구 안에서 자유롭게 돌아갈 거라고 생각했다. 하지만 대퇴골 목 부분에는 경사 응력에 의해 만들어진 작고 평행한 줄무늬들이 있다. 이 뼈 부분에 비스듬히 무게가 실린다. 몸통은 단단하고 밀도가 높으며, 몸무게를 지탱하기 충분하게 강하다. 다이앤은 뼈의 모양과 질감으로 뼛조각을 식별할 수 있다는 것에 자부심을 느꼈다.

제일 알기 어려운 것은 동그랗고 완두콩 크기만 한 표본이었다. 이건 뼛조각인가?

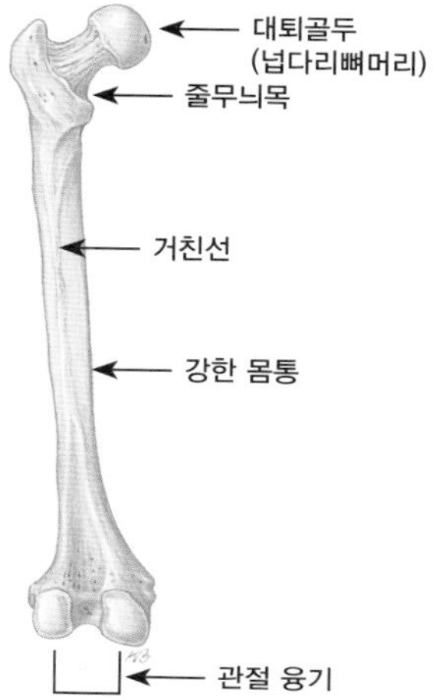

대퇴골은 몸에서 가장 크고 긴 뼈다. 사람은 똑바로 걷기 때문에, 대퇴골이 전체 체중을 지탱해야 한다. 허벅지 뒤쪽을 보면 강력한 근육이 있다. 이 근육은 거친선linea aspera이라고 하는 대퇴골의 거친 뼈에 붙어 있다.

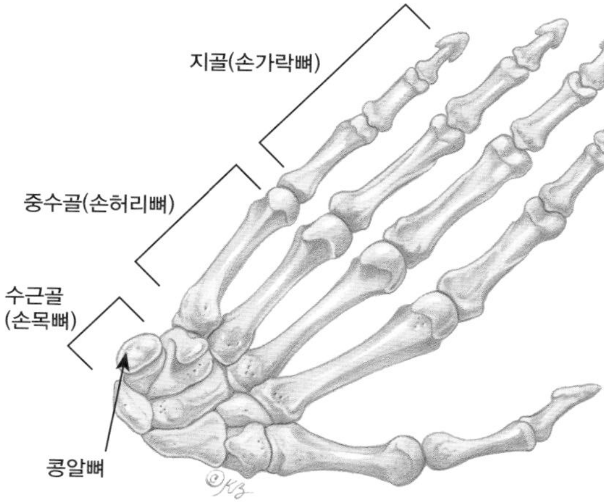

이 손에 있는 27개의 뼈를 자세히 살펴보자. 뒤죽박죽된 상태에서 이 뼈들을 상상해보자. 손목에서 튀어나와 있는 완두콩 모양의 콩알뼈를 골라낼 수 있을까? 하나의 중수골(손허리뼈)을 다른 중수골과 구별할 수 있을까? 다이앤은 친구와 정답 알아맞히기 게임을 하면서 사람 골격을 이루는 206개의 뼈를 모두 식별하는 방법을 배웠다. 그중 절반 이상이 손과 발에 있다.

한쪽 끝이 꺼칠꺼칠한 것으로 봐서 아마 부러진 것 같았다. 어쩌면 그냥 마모된 걸지도 모른다. 만약 그렇다면 이 작은 조각은 전체 뼈여야 한다. 이런 작은 뼈는 손목이나 발에 있다. 어떤 뼈일까? 다이앤은 손목에 있는 가장 작은 뼈인 콩알뼈라고 결론 내렸다. 마이크는 생각이 달랐다. 좀 더 큰 손목뼈의 일부라는 것이다. 두 사람은 답을 맞춘 사람에게 스테이크를 사주기로 하고 교수에게 물어봤다. 지도 교수는 콩알뼈라고 확인해주었다. 마이크는 스테이크를 사야 했다.

유골과 함께 하는 삶

다이앤은 뼈를 연구해서 그 사람이 죽을 당시의 모습을 자세하게 재구성한다. 그녀는 이런 식으로 말한다. "이 사람은 20대 초반의 유럽계 여성인 것 같군요. 키는 5피트 3인치(161센티미터)에서 5피트 7인치(173센티미터) 사이이고 적어도 한 명의 아이를 출산했습니다. 뼈에서 질병이나 영양실조의 흔적은 안 나오지만 왼쪽 경골(정강뼈) 골절이 죽을 때쯤부터 낫기 시작했습니다."

모든 사실들이 한눈에 띄진 않는다. 다이앤은 작은 단서를 잡아내고 뼈를 아주 정확하게 계측하기 위해 연습에 연습을 거듭했다. 예를 들어, 임신은 골반 치골(두덩뼈)의 안쪽 면에 나란히 배

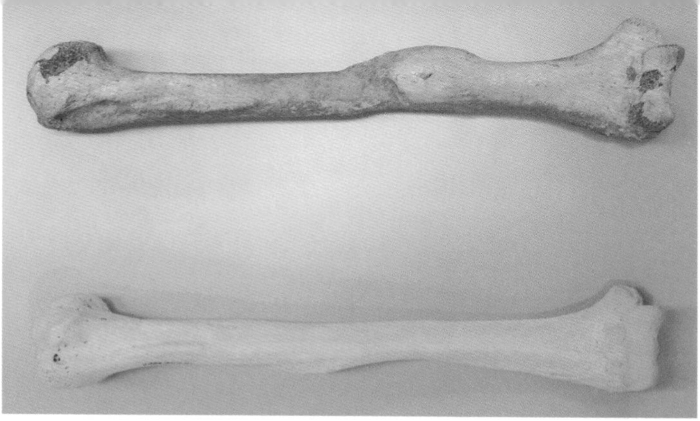

어느 상완골 뼈가 부러진 후 치유되었을까? 이것을 알아내려면, 뼈의 중심 근처에 부딪친 흔적 같은 캘러스를 찾으면 된다. 캘러스는 골절 부위에서 즉시 만들어진다. 캘러스가 부드러우면 손상은 죽기 직전에 일어난 것이다. 단단하다면, 그 뼈는 오래전에 손상된 것이고 치유 시간이 길었다고 봐야 한다.

열된 강낭콩 두 개 크기의 구멍처럼 생긴 흉터를 유발한다고 배웠다. 만약 캘러스callous가 있었다면 경골의 골절이 명백하다. 캘러스는 뼈가 치료되는 동안 만들어지는 뼈에 생기는 혹으로 나중엔 사라진다. 만약 이것이 말랑하다면 그 골절은 죽기 바로 직전에 생겼을 것이다.

키가 큰 사람들은 대개 뼈가 길지만 각각의 신체가 다르기 때문에 정확한 키를 알아내기란 불가능하다. 대신에 다이앤은 키

넙다리뼈가 뼈 길이를 측정하기 위한 도구인 뼈 계측판에 꼭 맞는다. 계측판의 벽을 좌우로 움직일 수 있기 때문에 서로 다른 길이의 뼈를 측정할 수 있다.

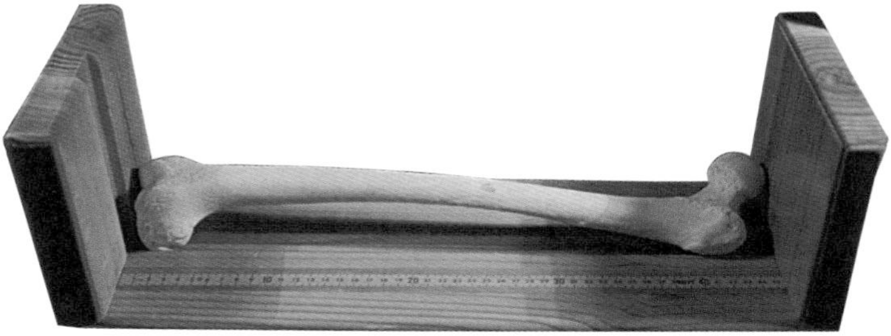

키를 측정하는 데 뼈를 어떻게 사용하나

키가 큰 사람들은 대체로 다리뼈도 길다. 그러나 키가 같다고 뼈의 길이가 같으란 법은 없다. 키 외에도 뼈는 사람의 나이, 성별, 혈통, 건강 및 기타 요인에 따라 다르다.

그래서 법의인류학자는 사람의 정확한 키를 결정하는 데 뼈의 길이만 사용하지는 않는다. 대신 공식을 사용해 예상 키의 범위를 계산한다. 공식은 이미 키, 성별, 혈통 정보가 축적된 수천 개의 골격 연구를 기반으로 한다. 다음은 다이앤 같은 유럽계 여성의 키를 추정하기 위해 대퇴골을 사용하는 방법이다.

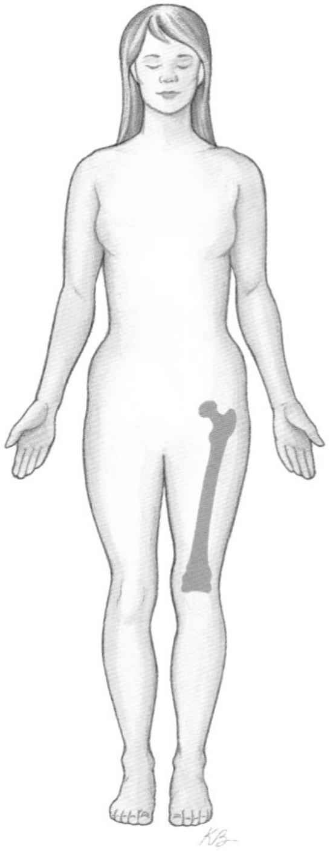

1. 뼈의 길이를 밀리미터로 측정한다.
   대퇴골의 길이 : 442밀리미터

2. 동일한 성별(여성) 및 혈통(유럽계)에 알려진 키와 뼈 길이를 근거로 공식에 숫자를 대입한다. 결과는 밀리미터가 아닌 인치 단위로 표시한다(이 변환은 공식 내에 내장되어 있다.).
   공식: 0.11869(442밀리미터) + 12.43 = 65인치(5피트 5인치)

3. 오차 범위를 고려한다. 이 공식의 경우, 오차 범위가 ±2.4인치이므로, 이 사람의 키는 62.5인치에서 67.4인치, 즉 5피트 2인치(158센티미터)와 5피트 6인치(170센티미터) 사이에 있을 가능성이 매우 크다.

닭 뼈의 횡단면은 저녁 식사 때 다이앤의 닭고기 해부에서 배운 것을 보여준다. 뼈막(섬세한 막성 피막)은 단단한 뼈로 이루어진 바깥층 위에 놓여 있으며, 이들 뼈에는 혈관이나 신경이 지나다니는 미세한 구멍이 있다. 뼈 안쪽은 스펀지 같이 생긴 조직이 가운데의 진홍색 골수를 둘러싸고 있다.

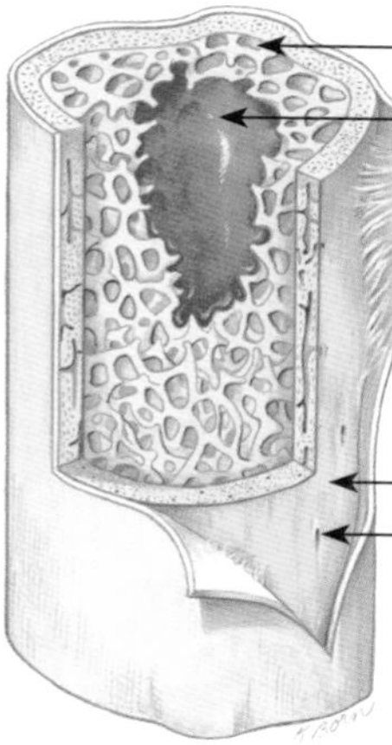

의 범위를 추정하는 방법을 익혔다. 먼저, 그녀는 아주 정확한 지점에서 팔, 다리뼈의 길이를 계측한다. 한 가지 방법은 뼈를 신발 가게에서 발 사이즈를 측정할 때 쓰는 것과 비슷한 뼈 계측판osteometric board에 올려놓는 것이다. 다른 방법은 캘리퍼스calipers를 사용하는 것이다. 캘리퍼스는 측정 공구로, 거대한 집게 또는 대가리를 움직일 수 있는 렌치처럼 보인다.

그러고 나서 다이앤은 수학 공식을 이용해 길이가 알려진 뼈와 길이를 비교한다. 그 공식은 성별, 인종(유럽인, 아프리카인, 동양인 등등)의 차이를 고려해야 하지만 오차가 불과 몇 센티미터 이내로 아주 정확하다.

다이앤의 머릿속을 맴도는 뼈에 대한 자세한 정보 때문에, 다이앤은 살아 있는 사람들을 새로운 방식으로 보지 않을 수 없었다. 다이앤은 숙달된 눈으로 얼굴 모양, 코 너비, 눈 사이의 거리를 조사했다. 그녀는 비정상적으로 큰 눈썹활에 넋을 잃었다. 그녀는 이런 얼굴 밑에 있는 머리뼈의 숨겨진 특징과 모양을 상상했다.

다이앤이 이처럼 뼈에 흥미가 많으니, 저녁 식사로 나온 닭요리마저 '재미있는 해부' 수업이 되었다. 다이앤은 지방이 많은 노란 피부를 벗겨냈고 포크로 근육층을 분리했다. 그녀는 요리된 닭고기 안쪽에 있던 고무 같은 힘줄을 찾았고, 그 힘줄들을 따라가보니 힘줄이 뼈에 부착되어 있었다. 그녀는 긴뼈의 끝에 있는 흰 연골을 떼어냈다.

그 연골 아래에서 그녀는 때때로 뼈끝을 보았다. 조그만 원반 모양의 이 뼈는 어린 닭에만 있다. 식료품점에서는 '튀김용 닭'이라고 라벨을 붙인다. 성체가 되면 이 뼈끝은 주요 뼈와 결합된다.

다이앤은 다리를 집어 들고 경골(정강뼈) 옆에 있는 길고 가는 뼈 비골(종아리뼈)을 떼어냈다. 그러고 나서, 뼈 주변을 둘러싼 뼈막을 벗겨내려고 경골을 긁어냈다. 그녀는 치밀뼈, 해면뼈, 중심부의 골수를 노출시키려고 경골의 중간 부분을 부러뜨렸다. 다이앤은 날기에 적합하게 공기가 차 있는 가벼운 뼈 구조를 보며 감탄했다.

저녁 식사 때 닭 해부를 하고 나서 다이앤은 생각했다. '내가 지금 식당에 있는 게 아니라 다행이군.'

올바른 선택

1973년 여름에 월든으로 돌아온 다이앤은 부모에게 놀라운 소식을 전했다. 법의인류학자가 되기로 결심했다고 말이다.

걱정과 실망이 앞서는 표정이었다. 아버지가 물었다. "어떻게 살아갈 거니? 그 일로는 돈 벌기 힘들 텐데."

그 말이 맞다. 법의인류학자는 아버지 말마따나 거의 돈을 벌지 못했다. 인류학은 생긴 지 약 한 세기가 넘는 학문이지만, 증거로써 뼈를 분석하는 법의인류학은 신생 학문이었다.

다이앤은 그 어떤 것도 걱정하지 않았다. 그녀의 마음과 머릿속은 법의인류학으로 꽉 차 있었다.

학비를 마련하려고 다이앤은 두 번의 여름 동안 작은 산골 마을에서 가장 높은 급여를 주는 제재소에서 일을 했다. 출근 첫날의 다이앤은 우람한 떡갈나무 사이에 낀 가녀린 묘목 같아 보였다. 그곳 직원들은 모두 근육질의 남성이거나 매일 목재와 톱을 들고 일하는 여성이었다. 그들 중에는 작업하다가 사고로 손가락을 잃은 사람이 많았다. 그녀는 '이 일에 돈을 많이 주는 이유가 있었군.'이라고 생각했다.

다이앤의 업무는 목재를 나르는 것이었다. 목재를 들어올리고, 옮기고, 깔끔하게 쌓아놓는 것이었다. 첫날은 정말 힘들었다. 그녀는 감당할 만한 무게의 목재를 옮겨야 했다. 하나당 두께 5센티미터, 길이 25센티미터의 판자였다. 5미터 가까이 되는 목재를 옮기다 보면 그녀의 작은 체구가 후들거렸고 다리가 휘청거렸다. 팔과 등 근육에는 알이 배겼다. 다이앤은 목재 하나하나를 혼자 날라야 했다. 일이 끝나갈 즈음에는 움직이기만 해도 온몸이 욱신거렸다. 그 여름이 끝날 무렵, 그녀의 몸집은 두 사이즈나 더 커졌고, 예전보다 더 강해지고 체형이 단단하게 잡혔다.

완성되지 않은 조각품

다이앤의 상체 근육, 특히 그녀의 이두근(위팔두갈래근), 상완삼두근(위팔세갈래근), 삼각근(어깨세모근), 광배근(넓은등근)이 커졌다. 사람들이 대개 팔 근육, 어깨 근육, 등 근육으로 부르는 이 근육들이 그녀에게서 확연히 보였다.

다이앤이 머릿속으로 그려볼 수 있지만 자신의 뼈가 실제로 어떻게 변했는지는 가늠이 되지 않았다.

그녀의 뼈는 혈관과 신경, 꿈틀거리는 바쁜 뼈세포로 구성되어 있다. 뼈 조직은 마치 완성되지 않은 조각상처럼 꾸준히 재구축되고 스스로 다듬는다. 밀고 당기는 자극에 반응하며, 그런 자극 자체가 부족하면, 뼈는 두꺼워지거나 가늘어진다. 미는 자극은 망치를 휘둘러 강한 손상을 입히는 것 같은 충격으로 유발된다.

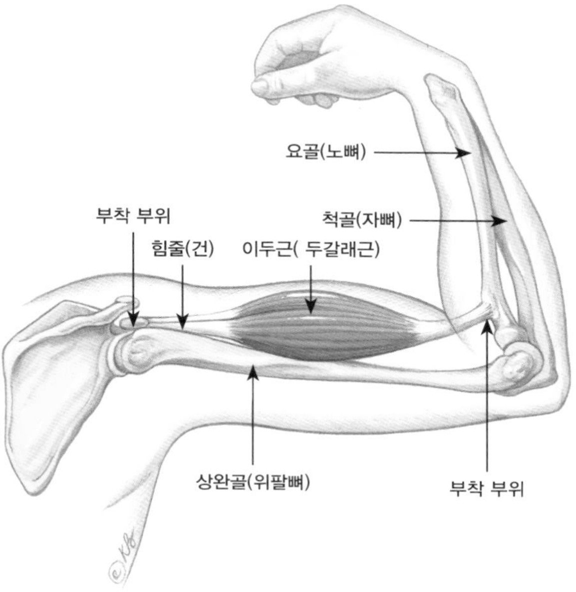

뼈는 스스로 움직이지 않는다. 근육들이 뼈를 잡아당긴다. 어떤 식으로든 잡아당기는 힘을 장력이라고 한다. 장력tension과 힘줄tendon이라는 단어는 라틴어로 '잡아당김stretch'을 뜻하는 단어에서 유래했다.

강한 충격은 뼈를 깨트리거나 쪼갤 수 있고, 뼈 주변의 연조직에도 손상을 입힌다.

대개 장력이라고 일컫는, 당기는 자극이 주어지면, 뼈는 강철처럼 강해진다. 근육은 수축할 때마다 매번 뼈를 잡아당긴다. 다이앤은 헐크처럼 자신의 아래팔을 굽혀 이두근(위팔두갈래근)의 수축을 관찰했다. 굽혀진 근육은 어깨 관절 근처와 바로 아래 팔굽 관절에 부착되는 지점에서 뼈를 당겼다.

이러한 자극은 작은 전기 신호를 만들고 뼈모세포라 불리는 뼈세포의 활동을 촉진시킨다. 뼈모세포는 혈액으로부터 칼슘을 흡수하고 그 칼슘을 자극받는 자리의 뼈 조직에 저장한다.

목재를 들어 올리던 여름이 지나고 압전 효과piezoelectric effect라 불리는 뼈의 재구축 과정 덕분에 다이앤의 뼈는 단단하고 강해졌다. 다이앤은 이런 큰 변화가 근육이 뼈에 부착되는 지점에서 일어난다는 것을 알게 되었다. 그녀는 실험실로 돌아와 근육이 부착되는 지점을 뼈 표본에 그려보았다. 그 자리는 부드러운 뼈 위에 있는 아주 거친 지점처럼 보였다. 일반적으로 그 부착 지점이 클수록 더 큰 근육이 부착된다. 다이앤은 현재 체구가 작은 보통 여성에 비해 비정상적으로 큰 부착 지점을 지니고 있다. 심각한 부상을 입지 않고서는 결코 알 수 없었겠지만 근육이 부착되는 지점이 그곳에 있다는 것을 아는 것은 멋진 일이었다.

사용하거나 버리거나

다이앤이 학교로 돌아와 다시 공부벌레가 되자 근육이 뼈를 과하게 자극하는 과정이 멈춰 근육 조직이 점차 줄어들었다. 이런 변화는 뼈파괴세포osteoblast라고 불리는 세포 그룹에게 신호를 보낸다. 과도한 뼈 조직을 파괴하기 시작하라는 신호다. 뼈파괴세포는 뼈 조직에서 끌어온 칼슘을 혈액으로 돌려보낸다.

뼈가 생물학하고만 관련 있는 건 아니다. 다이앤은 물리와 화학 수업도 꾸준히 들었다. 범죄 현장을 조사하는 법의인류학자가 되려고 고고학 수업을 듣기도 했다. 발굴 현장에서 유물을 복원하는 작업은 놀랍게도 범죄 현장에서 증거를 찾아내는 작업과 비슷했다.

처음에 다이앤은 고고학 선생님인 칼 제닝스 교수를 좋아하지 않았다. 그는 다른 학우들이 있는 앞에서 그녀를 월플라워(파티에서 파트너가 없어 춤을 못 추는 사람)라고 부르며 창피를 주었다. 그래도 제닝스 교수는 땅을 판 위치에서 말뚝과 줄을 가지고 좌표를 설정하는 방법을 가르쳐준 사람이기도 했다. 다이앤은 붓과 모종삽을 이용해 설정된 좌표 안에서 층별로 조심스레 유적을 발굴하는 방법을 배웠다. 그녀는 화면을 이용해 작은 자기 조각, 도구 등의 유물을 체로 쳐서 가려냈다.

그녀는 각각의 유물에다 좌표 상의 위치를 신중하게 꼬리표로 표시해두었다. 그녀는 나중에 야외 범죄 현장에서 이 기술을 사용하게 된다. 뼈, 옷 조각 등 희생자나 살인자의 어떤 것이라도 발견하고 엄정하게 조사해서 사건의 실체를 규명하는 과정은 고고학과 무척 흡사했다.

졸업식 날

험난하게 출발했어도 다이앤은 1976년에 우수한 성적으로 콜로라도 주립대학교를 졸업했다. 하지만 그녀는 거기서 멈추지 않았다. 그녀는 1979년에 인류학으로 석사학위를 받았고, 자연인류학 분야에서 박사학위를 따려고 콜로라도 대학교 볼더 캠퍼스로 옮겼다.

그곳에서 만난 앨리스 브루스Alice Brues 박사는 다이앤이 가장 좋아하는 교수였다. 앨리스는 1940년대에 인류학에 입문했다. 그 당시만 해도 대학에 진학하는, 심지어 박사학위를 받은 여성은 모든 미국 여성의 5퍼센트도 안 됐다. 앨리스는 용기와 자신감과 지성을 겸비한 여성이었다. 그녀는 세계를 돌아다니며 어느 누구와도 두뇌 대결을 벌일 수 있었다.

다이앤은 1983년에 박사학위를 받았다. 최초의 여성 인류학 박사학위를 취득한 앨리스 브루스 박사는 다이앤의 친구이자 멘토가 되었다(삽입된 사진은 브린모어Bryn Mawr 대학 시절의 앨리스). 1990년대까지 인류학 분야의 세 명의 박사 중 두 명이 여성이었다.

하지만 그녀는 가정을 위해서라면 청바지와 망치를 모두 내던질 수도 있었다.

무엇보다도 다이앤은 앨리스 교수의 과학에 대한 열정을 존경했다. 앨리스는 가방에 캘리퍼스 한 쌍을 넣고 다니며 뼈의 크기와 모양을 비교하는 것에 전념했다. 그녀는 흥미로운 두뇌의 소유자를 만나면 머리 크기를 재보자고 요청했다. 놀랍게도 많은 사람이 수락했다.

다이앤은 앨리스 교수에게 여성이 과학자가 돼서는 안 된다고 생각하는 사람들을 어떻게 다뤄야 하는지에 대해 물어보았다.

앨리스는 이렇게 대답했다. "만약 자네가 그런 시선을 의식하지 않는다면, 그건 존재하지 않는 것이지. 그런 시선을 신경 쓴다면 그땐 문제가 되네."

다이앤은 그 충고를 가슴에 새겼다. 그녀는 여성을 격려하고, 지지하고, 존경하는 남자들을 주의 깊게 살펴보았다. 그들 중 하나는, 놀랍게도 고고학 교수 칼 제닝스였다. 졸업한 지 몇 년이 지난 후, 다이앤은 그를 한 인간이자 친구로 대하며 지냈다. 1980년에 다이앤은 칼 제닝스와 결혼하기로 마음먹었다.

대학교는 다이앤이 자기 일의 '어리석음'에 잘 대비하게 했다.

그러나 죽음에 대처하는 마음가짐은 전혀 준비되어 있지 않았다.

프랜스네 오두막 근처에 있는 산은 다이앤에게 훌륭한 휴양지였다. 가스 폭발 같은 비극적인 사건을 조사하다가 정서적으로 충격을 받은 다이앤에게는 조용한 휴식 시간이 필요했다.

4장

문제의 핵심

1980년 11월, 눈이 조금 내릴 무렵 다이앤 프랜스는 칼 제닝스와 결혼했다. 예식은 사시나무와 소나무로 둘러싸인 초원 위 가족 오두막집에서 이뤄졌다. 다이앤은 대학 친구들에게 시인했다. 신랑은 고고학 수업에서 그녀에게 창피를 주었던 제닝스 교수, 바로 그 사람이라고. 사실, 처음에는 그 사람을 좋아하지 않았다. 그러나 졸업 후 몇 년이 지났을 즈음 다이앤과 칼은 로키 산맥에서 고고학 조사를 함께했다. 그의 좋은 점이 보이기 시작했다.

칼은 다이앤과 그녀의 개 싯카(모키의 전임)를 포함해 고고학 현장 연구팀의 책임자였다. 연구원들은 일할 때마다 헬기를 타고 덴버 서쪽의 산악 지대로 날아갔다. 그들은 산 정상에 착륙해서 미국 원주민과 관련된 증거를 찾으면서 걸어서 하산했다. 그러고 나서 그들은 다시 헬기를 타고 다음 봉우리로 날아갔다. 싯카는 대체로 차를 타고 다녔지만, 사람보다 한 가지 잘하는 게 있었다. 싯카는 헬기가 돌아오는 소리를 가장 먼저 들었고, 이를 연구원들에게 알렸다.

칼과 다이앤은 고고학 유적지를 관광하듯이 돌아다녔다. 두 사람은 같이 스쿠버다이빙을 하러 갔다. 비록 해양생물학자의 꿈은 접었지만 다이앤은 그 무렵 다이빙을 배웠다.

다이앤은 남편과 어떤 주제든 지적인 대화를 나눌 수 있다는 점이 좋았다. 그들은 침팬지에게 문화가 있는지 여부를 두고 열띠게 토론했다. 다이앤은 "침팬지가 언어, 사회적 행동, 놀이, 도구를 사용하는 것 등을 보면 아마 당신도 문화가 있다고 생각할걸요."라고 말했다. 반면에 칼은 "절대 아니에요. 침팬지가 정치, 종교, 예술을 가지고 있다고?" 문제가 해결되지 않는 토론은 다이앤의 궁금증을 더 키웠다.

칼은 다이앤보다 15년 연상이었고, 다이앤의 부모는 그 점을 못마땅하게 여겼다. 그러나 점차 칼을 가족의 일원으로 받아들였다. 이 신혼부부는 포트콜린스 외곽에 있는 시골에 집을 짓고, 둘 다 콜로라도 주립대학교에서 강의를 했다.

1983년에 다이앤은 남녀 골격에서 위팔뼈의 차이에 관한 연구로 박사학위를 받았다. 그녀의 연구는 제재소에서 일했던 지난

다이앤과 칼이 목표물까지의 거리를 정확하게 측정하려고 준비 중이다. 이런 측정 작업은 과학자들이 범죄 현장의 지도를 그리는 데 도움이 된다.

여름에 극적으로 변한 근육 부착 지점(뼈의 거친 지점)이 중심 주제였다. 대학생이 된 지 11년이 지난 후에 다이앤은 콜로라도 주립대학교의 인류학자이자 칼의 동료 교수가 되었다. 고고학자들은 발굴한 뼈에 대해 다이앤의 조언을 구했다. 법 집행부, 검시관, 의학자들이 살인이나 사고 희생자의 시신을 콜로라도 주립대학교 신원확인연구소로 보냈다. 다이앤과 동료 인류학자들은 단서를 찾으려고 시신을 조사했다.

대학은 다이앤이 자기 일의 '어리석음'에 잘 대비하게 했다. 해부학 수업에서 학생과 선생으로서 그녀는 많은 시체를 해부했다. 그녀는 깨끗한 뼈를 조사하기 위해 피부, 지방, 신경, 혈관,

근육, 힘줄, 인대 같은 물렁조직을 제거했다. 이것은 그녀가 좋아하는 일은 아니었다. 며칠 동안 뜨거운 물에 시체를 담가두는 과정도 있었다. 하지만 다이앤은 그 작업도 자기 일의 일부로 받아들였다.

하지만 죽음에 대처하는 마음가짐은 전혀 준비되어 있지 않았다. 처음 맞이하는 대규모 사망 사건은 그녀가 평생 겪어본 것 중 가장 힘든 일이었다.

신원 확인 작업

1985년 크리스마스 전주에 글렌우드 스프링스의 작은 마을에 사고가 일어났다. 가스회사에서 발생한 가스 폭발과 화재는 열두 명의 사망자를 냈다. 다이앤은 콜로라도 신원 확인팀에 소속되어 병원에 도착했다. 범죄학자로 이루어진 이 팀은 그 지역 검시관을 도와서 화재, 홍수, 비행기 충돌 등 재난 상황에서 희생된 사람들의 신원 확인 작업을 실시했다.

이 팀은 가스회사 화재로 사망한 시신 열두 구 중 일곱 명의 신원을 확인했다. 베테랑 범죄 현장 조사관 잭 스완버그는 지문을 대조했다. 반면에 법치의학자들은 시신의 치아와 치아 기록을 비교했다. 안타깝게도, 시신 다섯 구는 이런 기술로 확인하기엔 너

Glenwood gas blast kills 10; two missing

GEORGE KOCHANIE

An aerial photo of the site of a propane explosion Monday morning in Glenwood Springs shows firefighters battling the blaze as smoke pou

Fatal blast blamed on propane gas

다이앤은 법의인류학자가 되기 위해 습득한 기술을 글렌우드 가스 폭발 희생자 열두 명의 신원을 확인하는 데 활용했다. 유전 물질로 신원을 확인하는 DNA 검사는 1990년대까지는 없었다.

무 심하게 탔다. 이 시신들은 다이앤의 몫이 되었다. 잭과 그의 팀은 작별 인사를 남기고 현장을 떠났다. 덴버로 돌아가야 했기 때문이다.

무엇을 기대해야 할지 확신이 없었지만 다이앤은 차가운 지하 영안실로 들어갔다.

그곳은 스테인리스강 테이블을 제외하곤 하얗고 텅 비어 있었다. 불에 탄 시신들은 따로따로 보관되어 있었다. 그녀는 각 시신이 들어 있는 운반용 자루의 지퍼를 열고 시신을 직접 샅샅이 살펴보았다. 대부분의 사람들이 보이는 첫 번째 본능적 반응은 밖으로 뛰쳐나가는 것이다. 하지만 다이앤은 그럴 수 없었다. 크리스마스 며칠 전에 벌어진 사고였고, 유족들은 자기들의 사랑했던 이의 신원 확인을 그녀에게 의지하고 있었다. 그 순간, 유가족들의 고통과 아픔이 전해져왔다. 이런 손바닥만 한 동네에서 이 희생자들과 친분이 있었을 구조자들의 참담한 심정도 고스란히 느껴졌다.

이런 공감은 양날의 칼이다. 이런 감정 때문에 그녀는 이 길로 들어섰다. 고통받는 사람들을 도와주는 일을 얼마나 간절히 바랐던가! 하지만 이런 감정 때문에 힘들어지기도 한다. 과연 치밀어 오르는 감정을 한쪽으로 밀어두고 그 일을 끝낼 수 있을까?

다이앤은 방법을 생각했다. 마음속에 상자 하나를 떠올렸다. 그녀는 가스회사 노동자들의 죽음에 깊게 슬퍼하는 다이앤이 그 상자 안에 있다고 상상했다. 그녀는 상자 뚜껑을 덮고 끈으로 상자를 둘러싼 다음, 선반 높은 곳에 올려놓았다. 상상으로. 그녀는 그 상자를 나중에 열어보기로 다짐했다.

그녀는 이 일이 끝나면 그렇게 북받치는 감정을 어떻게 다뤄야 할지 차차 알아가게 될 것이다. 하지만 그녀는 철저하게 훈련받은 법의인류학자 다이앤 프랜스 박사였고 지금 당장 해야 할 일이 있었다.

영안실에 혼자 남아서 다이앤은 늦게까지 일했고 이튿날도 일찍 나와 일했다. 이따금 검시관이 와서 언제 일이 끝나는지 물었다. 유가족들이 기다리고 있으며 크리스마스 전에 사랑하는 이를 묻어주고 싶어 한다고 전했다.

다이앤은 짧게 답했다. "할 수 있는 한 빨리 끝낼게요."

이쪽 분야의 지식과 이 일을 할 수 있도록 훈련받은 사람이 거의 없었기에 다이앤은 의무감과 더불어 이 일을 제대로 해야겠다고 마음을 단단히 먹었다.

실수할 여지가 없었다. 그녀는 조심스럽게 뼈와 뼈가 아닌 것을 분리했고, 그 뼈들의 모양과 크기를 비교하고 분류했다. 일단 그러고 나서 성별을 구분하고 때때로 연령과 그 밖의 일반적인 특징들을 추정했다. 각 시신에 표기하려고 실종자들의 의료 기록을 사용했다. 예를 들어, 만약 엑스선 사진에서 뼈 골절이 보이면 다이앤은 골절이 치료된 뼈를 찾았다.

다이앤은 그 시험을 통과했다. 그녀는 밝혀지지 않은 다섯 명의 신원을 모두 알아냈다. 화재는 스물셋에서 쉰아홉 살 사이의 남자 아홉 명과 여자 세 명의 목숨을 앗아갔고 모든 시신의 신원이 밝혀졌다. 유가족들은 비탄에 잠겼어도 다이앤에게 고마워했다.

특별 클럽의 멤버

이틀에 걸친 시련에 녹초가 되어 다이앤은 포트콜린스에 있는 집으로 향했다. 그녀는 쇼핑, 식사, 운전을 하는 사람들 그리고 대화를 나누며 웃고 있는 사람들을 바라보았다. 놀랍게도 그녀는 지금 그 사람들을 다르게 바라보고 있었다. 그 사람들은 살아 있지만 다이앤에게는 살아 있는 시체로 보였다. 본인이 생각해도 이런 느낌이 의아했고, 남편 칼에게도 설명하지 못했다. 마치 특별 클럽의 일원이라도 된 것처럼 대규모 사망 사건을 취급해본 사람만이 이 느낌을 이해할 수 있을 것 같았다. 그 순간, 다이앤은 그 클럽 멤버 중 한 명이었다. 그녀는 그 사건을 혼자서 해결했고, 이후 살아 있는 사람들 사이에서 휴식을 취하며 며칠을 보냈다.

몇 주가 지났고 끈으로 묶어둔 박스는 여전히 선반 위에 놓여 있었다. 다이앤은 비극의 기억을 지우려면 자신에게 며칠이 더 필요하다고 스스로를 다독였다. 그동안 그녀는 친구 조이와 루앤과 함께 쇼핑, 산림욕, 정원 가꾸기, 애완견 싯카와 놀기 등을 하며 시간을 보냈다.

3년 후에 그 화재의 잿더미로부터 좋은 소식이 날아왔다. 다이앤은 '피그 피플'이라고 알려진 단체에 가입해달라는 요청을 받았다. 이름은 좀 그렇지만 굉장히 명예로운 일이었다.

거대한 무덤의 신비를 푸는 일

인류학자는 가끔씩 뒤섞인 유골들을 확인해야 하는 어려움에 직면한다. 이와 같이 뒤섞인 유골은 극빈자의 묘지, 고대 매장지, 옛 전투지, 비행기 추락, 자연 재해 때문에 생겨났을 가능성이 크다. 기원이 무엇이든, 목표는 동일하다. 가능한 한 많은 뼈를 개별 유골로 분류한 다음 분석한다. 하나의 개체에 속할 수 없는 유골을 공통 조직이라고 한다.

첫 번째 중요한 단계는 어떤 것이 뼈이고, 어떤 것이 아닌지 파악하는 것이다. 부서진 도자기와 특정 암석은 뼈 조각처럼 보일 수 있다. 녹아내린 PVC(플라스틱) 파이프의 경우, 거품이 일었다가 뼈 조직과 비슷한 스펀지 같은 질감으로 다시 경화될 수도 있다. 신속한 현장 테스트 방법 중 하나는 그 대상 물체에 물을 조금 떨어뜨리는 것이다. 마른 뼈는 스펀지보다 더 빨리 물을 빨아들인다. 다른 재료들은 대개 그렇지 않다.

과학자들은 뼈 묶음, 즉 함께 묶인 뼈들을 살펴본다. 모두 동일한 유골에 속할 가능성이 크지만, 항상 그런 것은 아니다. 상식적으로 생각해보면 된다. 두개골이 두 개 또는 견갑골이 세 개일 경우, 최소한 두 구 이상의 유골이라는 것을 의미한다. 더 정밀한 접근 방법은 모든 유골을 유형별, 크기별로 분류하는 것이다. 경골 두 개의 크기가 매우 다르거나 둘 다 오른쪽 뼈라면 두 뼈는 다른 유골에 속한다.

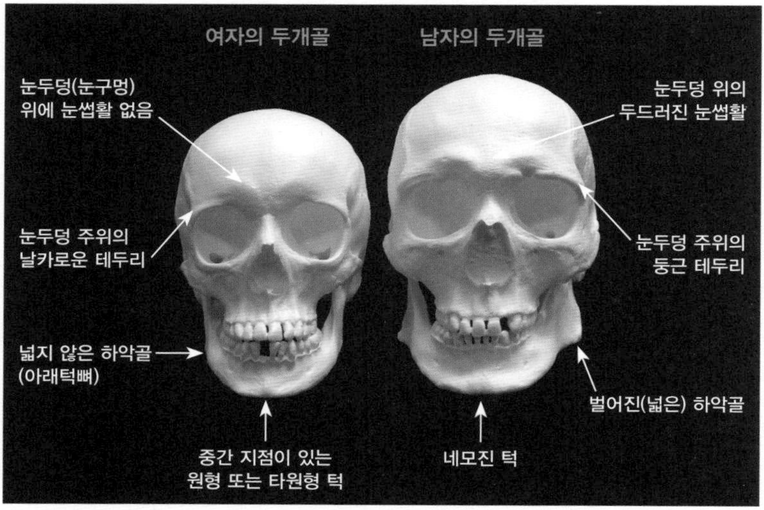

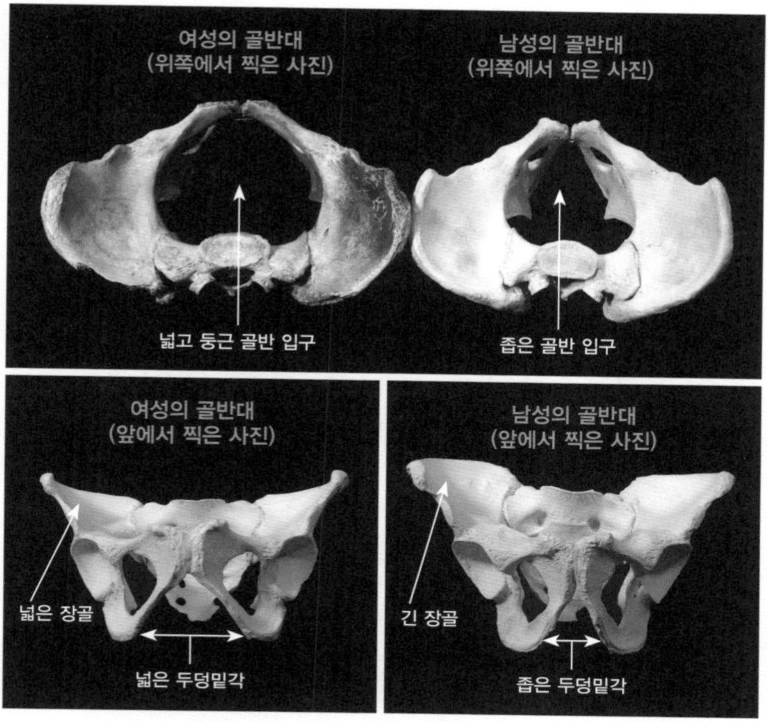

뼈 크기는 사람의 성별도 알려준다. 남성의 뼈는 여성보다 대체로 더 크고 근육도 더 많다. 그래서 뼈도 더 크다. 그러나 가끔가다 반대인 경우도 있다. 예컨대 여성 농구 선수와 남성 기수일 경우가 그렇다. 따라서 오류가 생길 여지는 항상 있다. 여성의 골반은 아기를 갖기 위해 적응해왔기 때문에, 골반대나 엉덩이뼈는 여성과 남성을 구분하는 데 가장 뚜렷한 단서가 된다. 두 번째로 좋은 단서는 두개골 모양이다.

인류학자는 대개 연령, 키, 혈통(지역적 기원)을 추정할 수 있다. 그들이 판단을 내릴 만한 세부 사항이 많을수록 그 사람이 누구이며 어떻게 죽었는지 더 완벽하게 추정할 수 있다.

뼈 하나의 특징만으로는 유골의 성별을 구분할 수 없다. 예를 들어, 여성 유골이 비쩍 마른 엉덩이를 가졌거나 남성 유골이 우아하고 섬세한 뼈를 가질 수도 있다.

아이디어는 모든 기능을 전체적으로 고려한 다음 그 유골이 남성인지 여성인지를 결정하는 것이다. 가령, 골반대와 두개골은 남녀 사이에서 가장 큰 차이를 보인다.

잭 스완버그는 다이앤이

낙심하거나 더러워지는 것을

신경 쓰지 않는다는 것을 금세 알아차렸다.

"해야 할 일이 있다면 그녀는

바로 그곳에 도착해 그 일을 하고 있거든요."

그는 혀를 내둘렀다.

다이앤이 살인자가 시체를 은닉하기에 적당하다고 생각하는 콜로라도 폐광 갱도를 조사한 뒤 밖으로 나오고 있다.

5장

피그 피플: 무덤에서의 실험

1988년 글렌우드 스프링스 화재 사건 때의 지문 전문가 잭 스완버그는 법의인류학자 한 명을 자기 팀으로 불러오려고 알아보고 다녔다. 그가 만들고 있는 자원봉사 전문가 그룹에 한 명이 더 필요했다. 검시관을 돕는 콜로라도 신원 확인 팀과는 달리 이 전문가 그룹은 법 집행부의 요청을 받고 일을 했다. 이 팀의 임무는 수사관을 도와 살인자가 아무도 몰래 숨기거나 묻어놓은 희생자의 시신을 찾는 것이었다. 만약 이 팀이 숨겨놓은 시신을 찾는다면 남은 유골을 수집하고 신원을 확인하고 조사하는 법의인류학자가 필요했다.

잭이 접촉했던 한 인류학자는 그 팀에 합류하길 거절하면서도 "콜로라도 주립대학교에 훌륭한 신임 여성이 있어요. 이름은 다

무선 조종 헬리콥터를 이용해 수사관은 숨겨진 무덤을 찾을 수 있다.

이앤 프랜스입니다."라고 귀띔해주었다.

그 이름은 잭에겐 아무 의미가 없었다. 하지만 그녀가 몇 년 전 글렌우드 스프링스 화재 사건 때 일했다는 소식을 들었다. 잭은 그의 팀이 떠날 때 영안실로 걸어 들어가던 젊고 작고 섬세해 보이는 '자그마한 여성'이 떠올랐다. 그녀는 끔찍한 냄새와 광경을 모두 견뎌냈다. 그는 즉시 그녀에 대한 존경심이 우러나왔다.

"우리 팀에 이 여성이 필요합니다." 잭은 범죄와 싸우고 있는 그의 파트너에게 말했다.

점심을 먹으면서 다이앤은 잭에게 팀에 합류하고 싶다고 말했다. 그녀는 이제 콜로라도 주립대학교 신원확인연구소의 책임자였고, 연구소뿐만 아니라 살인 사건 현장에서도 과학을 이용해 사건을 해결하고자 하는 발상을 좋아했다.

A형 플러스

그 팀은 과학자, 범죄학자, 형사, 개 조련사, 항공사진 전문가 등 열다섯 명으로 이루어졌다. 그 인원은 곧 두 배로 늘어났다. 다이앤은 이런 다양한 지원자에게 한 가지 공통점이 있다는 점을 알아차렸다. 그들은 모두 혈액형이 A형이었으며, 강하고 활력 넘치고 의견도 많이 내고 도전하는 것을 좋아하는 사람들이었다. 그래도 일이 잘 진행되려면 팀으로 활동해야 했다. 그래서 팀원들은 모두 자기 직책("박사 등등" 또는 "대장 등등")을 내려놓고 서로의 이름을 부르며 우호적인 분위기를 만들었다.

한 달에 한 번 모이는 모임 때마다 늘 제기되는 의문이 있었다. 비밀스런 무덤은 어떻게 생겼고, 우린 그것을 어떻게 찾을 수 있을까? 모두들 대화에 끼어들었다. 다이앤은 형사와 범죄학자에게서 살인자의 심리 상태에 대해 배웠다. 살인자는 잡히는 것을 두려워해서 시체를 다양한 용기에 담거나 싸서 멀리 떨어진 장소에 숨긴다. 하지만 시체를 유기하는 데 시간이 오래 걸릴수록 그 장소가 발견될 가능성이 더 커진다. 그래서 살인자는 희생자를 길가(심지어 벌판)에 갖다버리는 경향이 있다. 상식적으로 생각해보면, 시체를 끌고 위로 올라가는 것보다는 아래로 내려오는 것이 쉽고, 단단한 땅보다 부드러운 땅에 묻는 것이 쉬우며, 땅을 깊게 파는 것보단 얕게 파는 것이 쉽다.

지질학자, 식물학자, 동식물 연구자, 그 밖의 과학자들은 다른 관점으로 자신들의 견해를 피력했다. 시체의 존재가 주변 환경을 어떻게 변화시키는가? 지형, 토양, 동식물 개체에 어떤 변화가 일어나는가? 가령, 썩어가는 시체는 즉시 파리, 개미, 딱정벌레 또는 동물의 살점을 먹거나 알을 낳는 생물 같은 분해자들을 불러

숨겨진 무덤의 흔적

자연은 시간이 지남에 따라 시체를 변화시키고 분해시킨다. 그렇다면 시체는 자연을 어떻게 변화시킬까? 시체로 인한 자연의 변화는 숨겨진 무덤을 발견하는 열쇠가 된다. 분해되는 시체는 열에너지와 화학 물질을 토양으로 방출하여 식물의 성장을 바꾼다. 썩어가는 냄새가 사체에 알을 낳는 특정 곤충을 유인한다. 코요테처럼 썩은 고기를 먹는 동물은 때때로 발자국이나 그 밖의 흔적들을 남긴다.

이런 환경 변화를 알아보려고 네크로서치NecroSearch 회원은 죽은 돼지(삽입 사진) 매장지를 연구했다.

들인다.

코요테, 곰, 퓨마처럼 썩은 고기를 먹는 동물들 또한 시체가 묻힌 곳을 방문했다가 발자국과 털 그리고 그 밖의 흔적을 남기고 떠난다.

다이앤은 시체가 지방산, 가스, 다른 화학 물질로 분해되어 토양으로 스며든다는 것을 알고 있었다. 분해되는 시체는 열에너지를 방출한다. 지질학자는 땅에 구멍을 뚫어 토양의 표본을 얻고 그 성분을 분석할 수 있다. 식물학자는 토양의 화학 물질과 온도가 무덤 위에 있는 식물의 성장에 어떤 영향을 주는지 관찰할 수 있다.

토양의 밀도와 자성에도 변화가 생긴다. 손대지 않은 토양은 땅을 판 다음 흙으로 다시 메운 토양보다 더 단단히 뭉쳐 있다.

또한 시간이 지나면서 남북 자기장이 형성되는데, 흙을 움직이면 그 필드가 뒤틀어진다. 지구물리학자들은 다양한 도구를 사용해 탐지하고 측정할 수 있고, 지면을 파괴하지 않고도 토양의 속성을 알아낼 수 있다.

과학자들은 모두 몇 주, 몇 달, 몇 년이 지난 후에 은밀한 무덤이 어떻게 변할지 궁금해했다. 그 질문에 답을 찾기 위해 조사팀은 다이앤이 합류하기 직전인 1988년부터 야외 실험을 시작했다. 그 지역은 목초지였고 덴버 남쪽의 가시덤불 지대였다. 식물학자는 식물의 성장에 주목했다. 지질학자는 암석과 광물의 층과 종

자원봉사자 줄리 코바츠 Julie Kovats(왼쪽), 다이앤 프랜스(가운데), 비키 트래멀 Vickey Trammell 이 범죄 현장에서 조심스레 증거를 수집하고 있다. 흰색 격자를 이용해 다이앤이 발견한 각 항목의 위치를 표시할 수 있다.

류를 조사하기 위해 땅을 파고 들어갔다. 지구물리학자는 토양 밀도, 자성 및 기타 속성을 측정했다. 항공 사진가는 그림자가 지표면의 외형을 더 잘 드러내주는 해 질 녘에 현장 사진을 찍었다.

이런 측정과 조치는 무덤이 없는 영역의 기준 데이터인 '이전' 그림이 된다. '이후' 그림, 즉 시신이 묻힌 후 어떤 일이 일어나는지 알아보기 위해 조사팀은 몇몇 사체를 묻어야 했다. 사람의 시신은 콜로라도 법에 따라 사용할 수 없었다. 과학자들은 차선책으로 돼지를 사용했다.

무선 조종 헬리콥터가 돼지가 묻혀 있는 곳의 항공사진을 찍는다. 동이 틀 무렵이나 해 질 녘에 사진을 찍으면 길게 드리운 그림자가 지표면의 외형을 드러낸다. 무덤에서 흔히 볼 수 있는 번쩍번쩍 빛나는 토양도 마찬가지다. 네크로서치 팀은 희생자가 묻힌 곳을 탐색할 때 유사한 특징을 찾는다.

돼지 무덤

돼지는 크기와 신체의 화학적 구성이 사람과 비슷하다. 특히 피부(털 달린 동물은 다르게 분해됨) 및 지방과 근육의 비율 등이 사람과 유사하다. 그래서 조사팀은 죽은 돼지를 흔히 살인자가 희생자를 매장하는 방식으로 묻었다. '서둘러라, 잡히지 않게'처럼 살인자의 심리를 모방해 무덤도 얕게 만들었다. 돼지 한 마리는 '총상'(이 경우 죽은 다음에 총상을 입었다)을 입었다. 다른 한 마리는 사체를 뭔가로 감싸는 경우를 가정한 '담요 속의 돼지'였다. 돼지 사체가 없는 무덤은 대조군이었다. 죽은 돼지들 때문에 야

곤충 전문가 톰 어데어Tom Adair는 죽은 돼지 옆에 벌레 덫을 설치해 청소부 동물들을 잡아들였다. 그는 어떤 딱정벌레와 파리가 사체에 모여드는지 연구했다. 조사 지역에서 딱정벌레와 파리의 존재 자체가 숨겨진 무덤을 가리킬 수 있다.

기된 환경 변화와 죽은 돼지가 없을 때를 비교하는 것이다.

조사팀은 점차 더 많은 돼지 사체를 땅에 묻었다. 그 실험은 곧 피그PIG, Pig in Ground 프로젝트(땅 속에 있는 돼지 프로젝트)라고 불렸고, 조사팀 사람들은 피그 피플로 알려졌다. 그들은 투표를 통해 더 위엄 있는 이름으로 '국제네크로서치NecroSearch International'라는 조직명을 채택했다. 이 이름은 현명한 선택이었다. '네크로Necro'는 그리스어로 '시체'를 의미한다.

다이앤 프랜스에게 피그 프로젝트는 과학적으로 도움이 됐다. 그곳에서 얻은 데이터 덕분에 숨겨진 무덤 주변 환경의 많은 신호를 알아내는 데 도움이 되었다. 또 돼지 무덤은 실제 살인 사건에서도 유용한 정보를 주었다. 각 사건은 법 집행부가 네크로서치 조사팀에 실종자를 찾아달라고 요청함에 따라 시작됐다. 다이앤은 모든 야외 작업을 모험으로, 또 피도 눈물도 없는 살인자를 잡을 기회로 생각했다.

잭 스완버그는 다이앤이 낙심하거나 더러워지는 것을 신경 쓰지 않는다는 것을 금세 알아차렸다. "해야 할 일이 있다면 그녀는 바로 그곳에 도착해 그 일을 하고 있거든요." 그는 혀를 내둘렀다.

이를 잘 보여주는 사례가 있다. 1993년 네크로서치 팀은 네브래스카주 서쪽 킴벌 근처 유전에서 실종된 남자를 찾고 있었다. 다이앤이 '쥐구멍'에 머리를 넣고 매달려 있는 동안 잭과 다른 네크로서치 조사팀 멤버들은 다이앤의 발목을 잡았다. 그 구멍은 쥐가 아니라 유전 시추기로 만들어진 것이었다. 잭은 그 구멍의 직경이 약 45센티미터이고 한때 거대한 드릴이 지나갔던 것으로 추측했다. 그 구멍은 흙과 함께 아마도 살인 사건으로 희생된 시체로 채워져 왔을 것이다. 네크로서치 팀은 그곳을 파내야 했다.

기껏해야 163센티미터의 키에 몸무게가 50킬로그램이 채 안 되는 다이앤은 팀에서 가장 작았기에 구멍 속 '쇼티Shorty' 조사에 자원했다. 쇼티는 연골발육부전을 앓은 난쟁이로, 돈을 둘러싼 논란 때문에 사망한 것으로 알려져 있었다. 연골발육부전이란 연골이 뼈로 전환되지 않고 소인증을 유발하거나 성장이 멈추는 질환

다이앤은 살인 사건의 희생자 '쇼티'를 찾기 위해 손으로 흙을 퍼내는 일에 몰두하고 있다. 굴착기를 사용하면 일을 더 빠르고 쉽게 할 수 있지만, 그것은 귀중한 증거를 파괴할 수 있었다.

이다. 만약 다이앤이 쇼티의 골격을 발견한다면 규명해내는 일은 쉬울 것이다. 매달려서 위아래로 움직이고 모종삽을 이용해 조심스럽게 그 쥐구멍의 흙을 퍼냈다.

네브래스카주 경찰이 고개를 절레절레 흔들며 물었다. "이런 곳에서 당신처럼 조그만 사람이 뭘 하는 거죠?"

"당신이랑 같은 일이요." 다이앤은 무심결에 대답하곤 다시 일하러 갔다.

그녀는 예전에도 정확히 그 단어들로 이루어진 같은 질문을 많이 들었다. 앨리스 브루스의 조언에 따라 다이앤은 그런 질문은 무시했다. 두 시간 뒤에 다이앤은 그 쥐구멍의 바닥에 도달했다. 쇼티는 없었다. 심지어 더 작은 드릴로 만들어진 생쥐 구멍까지 찾았지만 쇼티는 없었다.

네크로서치 팀은 결국 포기했고 실망한 채 돌아갔다. 매몰 가능한 곳을 모두 조사했다는 점이 유일한 위안거리였다. 쇼티는 끝내 나타나지 않았고 시체 없이 그 살인 사건은 미궁에 빠졌다.

넓은 광야에서 숨겨진 시체를 찾는 것은 건초더미에서 바늘을 찾는 것보다 더 어렵다. 사실, 처음 몇 년 동안 네크로서치 팀의 실적은 제로였고 허탕만 치고 다녔다. 그래서 네크로서치 팀에서 첫 성과가 나오자, 사람들의 환호가 뒤따랐다.

처음 몇 년 동안 네크로서치 팀의 실적은 제로였고

허탕만 치고 다녔다.

그래서 네크로서치 팀에서 첫 성과가 나오자,

사람들의 환호가 뒤따랐다.

다이앤이 미셸 윌리스의 사건 현장에서 증거물 조각의 위치를 격자로 측정하고 있다. 증거물의 위치를 측정할 때에는 격자 가장자리에서 떨어진 거리와 지면 속 깊이, 이 두 가지가 다 중요하다.

6장

살인자가 남긴 범죄의 흔적

1992년 8월의 어느 날이었다. 콜로라도주에 위치한 케블러패스Kebler Pass의 습지에서 다이앤은 지면을 눈으로 관찰하며 조사를 시작했다. 다이앤의 제자인 콜로라도 주립대학교 인류학과 학생들과 네크로서치 팀원들도 그 근처에서 지면을 조사하기 시작했다. 다이앤은 비탈에서 미끄러지지 않도록 한 손에 나뭇가지를 지팡이 삼아 짚었고, 다른 한 손으로는 모기를 쫓으면서 뼈나 옷 조각 등 수상해 보이는 물체를 찾아 지면을 샅샅이 훑어나갔다.

수색은, 1979년에 한 등산객이 길게 땋은 진갈색 머리카락을 발견한 지점을 중심으로 이루어졌다. 그곳은 5년 전인 1974년 8월, 스물다섯 살 사진작가 미셸 월리스Michele Wallace가 사라진 지역이었다. 미셸은 반려견 오키와 함께 사진을 찍으며 며칠 동안 그곳에서 캠핑과 하이킹을 하면서 보냈다. 그녀는 시내로 돌아가는 길에 남성 두 명과 마주쳤고, 무일푼인 그들을 빨간색 스테이션왜건에 태워주었다. 미셸이 마지막으로 목격된 곳은 콜로라도주 거니슨Gunnison에 있는 어느 술집이었다. 그녀의 독일 셰퍼드는 며칠 뒤 그 지역의 어느 목장에서 발견되었다. 그녀의 자동차와 캠핑용품, 카메라는 히치하이커 중 한 명이었던 로이 멜란슨Roy Melanson에게서 발견되었는데 그는 전과가 있는 절도범이었다. 그는 그 물건들을 미셸이 주었다고 경찰에 진술했으며, 그녀의 실종에 대해 아는 바가 없다고 주장했다.

거니슨 카운티 보안관 부서의 캐시 영Kathy Young 형사가 이 사건을 담당한 지 거의 18년이 될 무렵이었다. 보통의 수사관과 마찬가지로 그녀도 로이를 살인자로 의심했으나 유죄를 입증할 만한 증거가 충분하지 않았다. 시신이 없는 살인 사건은 증명하기가 매우 어렵다. 피그 피플의 존재를 알게 되자 그녀는 네크로서치 팀에 도움을 요청했다. 네크로서치의 식물학자인 비키 트래멀은 증거물인 머리카락을 조사했다. 비키는 머리카락 사이에서 아주 높은 지대에 서식하는 아고산대 전나무Subalpine fir의 침엽을 발견했다. 이 전나무는 최근 몇 해 동안 산불 피해가 없었던 춥고 습한 북향 경사지에 서식한다. 조사 지역에 대한 새 단서가 등장한 것이다. 머리카락에는 소량의 흙이 묻어 있었고, 그 표면이 햇

빛에 바랬기 때문에 비키는 시체가 땅속에 묻혀 있지 않을 것이라고 추측했다. 그리고 네크로서치의 동식물 연구가 겸 지질학자 세실리아 트래비스Cecilia Travis는 사체를 먹는 동물들이 분명 시신의 나머지 부위를 이리저리 흩어놓았을 것이라고 예상했다.

미셸 월리스는 반려견 오키와 하이킹을 즐겨 했다. 1974년 8월, 콜로라도에서 미셸이 실종된 뒤 반려견 오키는 그 지역의 어느 목장에서 혼자 발견되었다. 이 사진이 담긴 필름과 함께 미셸의 카메라는 로이 멜란슨이라는 전과 절도범의 손에서 발견되었다.

산의 북쪽 경사면 정상을 조사한 첫날 다이앤과 조사팀은 아무것도 발견하지 못했다. 다음 날 그들은 같은 곳을 다시 찾았다. 정오쯤에 휴식을 취하려고 길가로 올라왔을 때였다. 잠시 후 아래쪽 숲에서 희미한 목소리가 들려왔다.

"와! 찾았다!" 다이앤은 전나무에 가로막혀 모습이 보이지는 않았지만 그게 세실리아의 목소리라는 것을 알아차렸다.

"뭘 찾았다는 거예요?" 누군가 소리쳐 물었다.

"미셸이요!" 세실리아가 좀 더 크게 외쳤다.

몰려드는 사람들

조사팀은 소리치고 환호하면서 세실리아의 목소리가 들리는 쪽으로 우르르 몰려갔다. 그들은 달려가다가 비탈길에서 120미터가량 아래로 내려왔다. 거기서 세실리아는 동물 자국처럼 보이는 흔적의 중간쯤에 커다란 흰 버섯처럼 생긴 물체를 가리켰다.

세실리아가 그랬듯이, 다이앤도 그것이 버섯이 아니라는 것을 금방 알아차렸다. 그것은 두개골의 둥그런 윗부분이었다. 무성한 나뭇잎 사이로 빛나는 햇살이 두개골의 상악열을 비추고 있었다. 금니가 반짝였다. 다이앤은 미셸 윌리스에게 금니가 있다는 치과 기록을 떠올렸다. 두개골의 형태나 다른 특징들로 미루어볼 때, 시신은 유럽계 여성이며 어린이나 청소년이 아닌 성인으로 추정되었고, 다이앤은 이를 노트에 적었다. 이런 것들은 이 두개골의 주인이 미셸이라고 생각하기에 충분한 특징들이었다.

네크로서치 팀, 형사, 학생들 모두가 환호하며 서로 하이파이브를 했다. 드디어! 네크로서치가 첫 성공을 이룬 것이다. 네크로서치 팀은 18년이라는 긴 세월 동안 은밀하게 숨겨져 있던 무덤을 발견했다. 정말 대단한 성취였다!

다이앤은 문득 축하를 멈추고 눈살을 찌푸렸다. 사람들이 무리 지어 돌아다니는 모습이 보였다. 그들은 마치 소떼가 돌아다니듯 사건 현장을 마구 짓밟고 있었다. '이래서는 어떤 증거가 망

다이앤이 1992년 8월 네크로서치 팀이 발견한 미셸 윌리스의 두개골에서 하악(아래턱)이 있어야 할 위치를 가리키고 있다. 두개골은 중력에 의해 가파른 비탈 아래로 굴러 떨어진 것으로 추정되었으며, 하악골은 언덕 위쪽에서 발견되었다.

가졌는지도 모르겠는걸!' 다이앤은 걱정이 되었다. 미셸 윌리스는 이보다는 나은 대우를 받아야 했다.

다이앤은 모두를 향해 멈추라고 소리쳤다. 그러고는 즉시 땅에 엎드려 사람들이 단서들을 망가뜨리지 않고 사건 현장을 지나다닐 수 있도록 보행선walk line을 표시하기 시작했다. 다이앤은 증거들을 찾아 길을 조사하며 조심스럽게 나뭇잎들을 잘라냈다. 그 동안 캐시 형사는 검시관에게 시신이 발견되었다는 사실을 알렸다. 부보안관은 현장 근처에 로프를 치고 몰려드는 구경꾼들을 쫓아냈다.

다음 날 다이앤 프랜스와 네크로서치의 고고학자 스티브 아일랜드Steve Ireland는 다른 단서들을 찾기 위하여 6인 1조로 수색대를 조직했다. 각 조원들은 서로의 몸을 로프로 묶었다. 로프는 그들이 비탈 아래로 굴러떨어져 단서들을 망가뜨리는 일이 없도록 서로의 몸을 지탱해주었다. 수색대는 길가에 나란히 늘어선 뒤 한쪽 끝에 있는 사람은 비탈의 맨 위쪽에, 반대쪽 끝의 사람은 맨 아래쪽에 자리를 잡았다. 그들은 모두 엎드려서 축축한 지면을 천천히 기어 다니며 샅샅이 살폈다.

이런 방식으로 하면 한 사람이 무언가를 발견할 때 주위에서 연달아 단서가 발견된다. 따라서 일 분이 멀다 하고 누가 어떤 단서를 발견했는지에 대한 기록들이 생겨났다. 단서는 한 번에 온전한 형태로 발견될수록 법정에서 증거물로 제시하기가 편리하고, 단서의 일부가 누락될 위험이 적다. 따라서 수색대는 발견하는 물체마다 깃발을 꽂아 표시해두고 형사와 범죄학자들이 단서를 수집하도록 했다.

며칠에 걸쳐 자원봉사자들은 발뼈와 대퇴골 두 점, 골반, 갈비뼈 여섯 점, 척추골, 흉골 일부 등 여러 점의 뼈 조각을 발견했다.

다이앤 프랜스와 네크로서치의 고고학자 스티브 아일랜드가 미셸 웰리스의 사건 현장에서 단서를 수집하고 있다. 단 한 가닥의 머리카락이라 할지라도 모든 단서를 수집하고 분류하는 것이 중요하다.

그동안 다이앤과 스티브는 말뚝과 로프를 이용해 고고학 표시선archaeological grid을 설치했다. 이는 땅속에 묻힌 증거물들을 찾아내기 위해 떠올린 아이디어였다. 실오라기처럼 아주 작은 물체라 할지라도 때로는 사건 해결의 '결정적 증거'가 될 수 있다. 한 사람이 가로세로 1미터 격자를 한 칸씩 맡았고, 다이앤과 발굴 작업을 맡은 대원들은 붓, 모종삽, 대나무 막대를 이용하여 한 번에 10여 센티미터 정도씩 조심스럽게 흙을 제거해 나갔다(고고학자들은 미터법을 사용한다). 대나무 막대는 뼈를 손상시키지 않고 흙을 제거할 수 있는 도구였다. 만일 발굴 과정에서 실수로 뼈에 자국을 남기게 되면 추후에 사건과 관련된 상처로 판단을 그르

칠 수도 있다. 세실리아 트레비스와 자원봉사자들은 발굴 과정에서 놓쳤을지 모르는 단서를 찾아 고운 망으로 흙을 걸러냈다. 이 작업으로 버튼, 지퍼, 의류용 버클, 립밤 튜브, 청바지에서 나온 것으로 추정되는 노란색 실과 머리카락을 걸러낼 수 있었다.

피해자의 목소리

미셸의 나머지 유골이 발견되고 난 지 며칠 후, 다이앤은 단서가 될 만한 것을 찾기 위해 유골을 분석했다. 다이앤이 자기 직업을 사랑하는 가장 큰 이유 중 하나는 희생자들을 대변할 수 있다는 점이었다. 이 유골은 미셸의 유언과 같았다. 그것들은 그녀의 삶과 죽음에 대해 이야기해주었다. 법의인류학자로서 다이앤은 유골의 이야기를 듣는 법을 잘 알고 있었다.

법치의학자는 이미 미셸의 치과 기록과 치아 대조를 마친 상태였으며, 유골의 신원에 대해서는 의심의 여지가 없었다. 다이앤은 범행 자체를 밝혀내는 데 조사의 초점을 맞추었다. 그녀는 미셸의 사망 원인과 사후에 시신에 일어난 일들을 알아내려고 했다.

그러나 불행하게도 다이앤은 미셸의 사망 원인과 관련한 어떤 단서도 찾아낼 수 없었다. 유골에는 관통된 탄흔이나 자상을 비롯해 어떤 상처도 보이지 않았다. 물론 미셸이 총에 맞거나 칼에

찔리거나 교살됐을 가능성이 있었지만, 이를 밝혀내기에는 유골이 온전히 남아 있지 않았다.

긴 세월이 너무 많은 단서를 지워버렸다. 결국 사망 원인은 '미결'로 분류되었다.

한편, 시신이 유기된 경위는 분명했다. 미셸의 척추골과 늑골은 도로에서 약 8미터 아래쪽에 있는 나무 둥치에서 발견되었다. 다이앤은 시신이 길가에서 던져졌고, 비탈 아래로 굴러 떨어져 나무 아래에 이르렀을 것이라고 결론지었다. 그리고 분명히 사체를 먹는 동물들이 유해를 사방에 흩어놓았을 것이다.

시간이 흐르면서 두개골은 중력 때문에 비탈 아래로 더 멀리 굴러떨어지면서 세실리아가 발견한 위치에 이르렀을 것이다. 이 사실은 사건 현장에서 얼떨결에 입증되었다. 누군가 도로에서 빈 양동이를 차로 치었는데, 그 양동이가 언덕 아래로 굴러떨어져 두개골이 발견된 위치와 가까운 곳에서 멈추었던 것이다. 두 번째도 마찬가지였다. 이후 이 '양동이 테스트'는 시신을 찾기 위한 네크로서치의 조사 계획 중 일부가 되었다.

1994년, 다이앤은 증언하기 위해 로이 멜란슨의 살인 사건 재판에 참석했다. 증인석에 서는 것은 처음이었다. 긴장이 되긴 했지만 그럴수록 과학적인 사실 관계에 집중했다. 그녀는 미셸의 살인범과 살해 원인을 추측하지 않았다. 오로지 유골이 그녀에게 말해준 것들을 설명하려고 그 자리에 섰다.

미셸 웰리스 수색대는 과학자, 형사, 범죄학자, 다이앤의 인류학과 학생 봉사자들로 구성되었다. 오른쪽 아래에 삽을 들고 있는 사람이 다이앤이다. 아이 두 명은 캐시 영 형사(오른쪽에서 두 번째)의 아들로, 다이앤의 반려견 모키가 범죄 현장을 돌아다니지 못하도록 감시하는 역할을 했다.

형사와 보안관들, 범죄학자들, 네크로서치 팀, 자원봉사자들 모두의 노고는 보람이 있었다. 범죄를 저지른 지 19년이 지나 50대 중반이 된 로이 멜란슨은 일급 살인혐의가 유죄로 인정돼 종신형을 선고받았다.

네크로서치의 첫 성공이 뉴스를 탔다. 수많은 법 집행관들이 피그 피플을 찾아 줄을 섰다. 모든 사건을 다 맡을 수는 없었지만, 사건에 참여할 때마다 네크로서치의 지식은 쌓여갔다. 실수를 통해 배울 수 있기에 실수는 오히려 매우 유익한 일이 되었다.

코는 알고 있다

1990년대 중반, 다이앤과 네크로서치의 고고학자 스티브 아일랜드는 셰어 엘더Cher Elder의 시신 수색대를 지휘했다. 셰어 엘더는 스무 살의 웨이트리스로, 1993년 3월 콜로라도의 소규모 광산이자 관광지인 엠파이어 근처에서 실종되었다. 미셸 윌리스 사건 때와 마찬가지로, 스콧 리처드슨Scott Richardson 형사는 시신 없이 살인 용의자만 확보한 상태였다. 셰어가 마지막으로 목격된 곳은 카지노였으며, 톰 루서Tom Luther와 함께 있었다. 톰 루서는 폭력 범죄 전과가 있었고 다른 두 건의 살인 사건에서도 용의자로 지목된 적 있는 남성이었다.

형사는 이미 세 마리의 블러드하운드 에이미, 요기, 베키를 데리고 여러 차례 조사를 실시했다. 이 개들은 썩어가는 냄새를 탐지하도록 훈련된 시신 수색견이었다. 네크로서치 팀의 알 넬슨Al Nelson이 에이미와 베키를 데리고 조사를 시작했

셰어 엘더, 20세. 마지막으로 목격된 때는 1993년 3월로, 그녀는 톰 루서라는 폭력 전과자와 함께 있었다. 톰은 감옥에서 감방 동료에게 자신의 다음 피해자는 절대로 찾아낼 수 없을 것이라고 말했다. 다이앤의 팀은 그가 틀렸음을 증명했다.

다. 엠파이어에서 수색을 시작한 에이미는 폐기물 처리장으로 향했다. 진창의 물을 빼내고 진흙들을 파헤쳤으나 그곳에서 시신은 발견되지 않았다. 베키는 버려진 탄광으로 향했다. 이번에도 성과는 없었다. 그다음에 베키는 40번 고속도로에서 조금 벗어난 곳에 위치한 언덕의 수많은 돌무더기 중에서 한 커다란 돌무더기 앞에 멈춰 섰다. 그곳은 도로에서 좀 떨어진 오르막에 위치해 있었기 때문에 살인자가 시신을 끌고 갔으리라 생각되는 장소는 아니었다. 그러나 스티브는 돌 몇 개를 치우고 시험 삼아 언 땅 위에 구멍을 뚫어보기도 했다. 그러나 땅이 파헤쳐진 흔적은 보이지 않았다.

1995년 2월, 톰 루서의 친구 한 명이 셰어 엘더 사건과 관련이 없는 다른 범죄의 형량을 줄이기 위해 진술하던 중 무심코 40번 고속도로의 돌무더기에 대해 언급했다. 혹시 그 돌무더기가 네크로서치 팀이 구멍을 뚫어보았던 돌무더기와 같은 것이 아닐까? 다이앤과 스티브를 포함한 네크로서치 팀은 다시 조사에 착수했다. 이번에는 네크로서치 팀에 고고학자로서 새로 합류한 다이앤의 남편 칼도 함께했다. 조사팀은 살인범들이 일반적으로는 파지 않는 곳까지 더 깊숙이 구멍을 팠다. 다이앤은 땅에 배를 대고 엎드려 구멍에 코를 댔다. 곧 사람 시신이 부패될 때 나는 냄새를 맡을 수 있었다. 너무나 익숙하게도 톡 쏘는 듯한 흙 냄새였다.

눈 덮인 돌무더기는 셰어 엘더의 시신이 유기된 장소로 판명되기 전까지는 로키산 광부들이 남겨둔 다른 돌무더기들과 전혀 다를 바 없었다. 살인범 톰 루서는 시신을 숨기려고 큰 돌들을 하나씩 옮겨 쌓았다.

조사팀은 셰어 엘더의 시신이 모습을 드러낼 때까지 돌무더기를 한 겹 한 겹 걷어냈다. 다이앤은, 칼의 눈빛으로 보건대 이 경험이 칼에게 매우 인상적이라는 것을 알아차렸다. 그는 수백, 수천 년이 지난 고고학 유적지에서 완전히 건조되고 살점이 남아 있지 않은 유골 발굴 작업에 익숙했다. 반면, 셰어 엘더는 2년 전까지만 해도 살아 있는 젊은 여성이었다.

조사를 마친 뒤 네크로서치 회의에서 팀원들은 과거의 실수들을 검토했다.

첫째, 블러드하운드는 언 땅 아래에 있는 냄새까지는 탐지할 수 없다.

둘째, 어떤 살인범들은 상식적인 범주 내에서 행동하지 않으므로 예상 밖의 일들도 예측해야 한다.

셋째, 이끼를 살펴보아야 한다. 추후에 확인한 바에 따르면, 어떤 돌에는 이끼가 윗면에 덮여 있었고, 어떤 돌에는 아랫면에 덮여 있었다. 이는 분명히 살인범이 시신을 묻을 때 돌을 옮겨 쌓는 과정에서 방향을 생각하지 않고 돌을 놓았음을 의미한다. 근처의 다른 돌무더기들은 이끼의 패턴이 일정했다.

1996년, 이런 몇 가지 실수에도 네크로서치 팀은 시신을 찾아냈고, 톰 루서는 살인혐의가 유죄로 인정돼 징역 48년형을 선고받았다.

이후에도 사건 의뢰는 계속해서 들어왔다. 10년 남짓한 시간 동안 네크로서치는 수십 건의 사건을 해결하기 위해 숨겨진 무덤을 수색했다. 그중에는 성공도, 실패도 있었다. 그러던 중 1997년 11월의 어느 날, 한 해군 대령이 찾아와 다이앤과 네크로서치 팀에게 머나먼 곳으로 과거 여행을 떠나자고 제안했다. "그 당시 아름다운 황녀와 그녀의 남동생인 황태자의 시신이 사라졌습니다.

부디 네크로서치 팀이 그들을 찾아주었으면 합니다."

다이앤은 귀를 의심할 수밖에 없었다. '이런 동화 같은 일이 진짜였어?'

그 당시 아름다운 황녀와 그녀의 남동생인

황태자의 시신이 사라졌습니다.

부디 네크로서치 팀이 그들을 찾아주었으면 합니다.

황족 초상화 속에 니콜라이 2세 황제와 그의 아내 알렉산드라 황후, 그들의 다섯 자녀가 그려져 있다. 왼쪽부터 시계 방향으로 마리아, 타티야나, 올가, 아나스타샤. 맨 앞에 앉은 아이가 알렉세이다.

7장

황족의 유골

다이앤은 해군 대령이 가져온 사건을 맡으면 네크로서치의 규칙을 어기게 된다는 점을 알고 있었다. 네크로서치 팀은 법 집행에 도움을 주는 사건만을 맡았다. 표트르 사란디나키Pyotr Sarandinaki 대령은 형사도 아니었고, 살인 사건을 해결하려는 것도 아니었다. 사실 실종된 두 아이는 80여 년 전에 사망했다. 표트르는 두 아이가 실제 로마노프 황실의 아이들이라고 조사팀에게 설명했다. 그는 마치 성인聖人을 언급하듯이 경외심을 담아 그 이름을 말했다. 반면 다이앤은 로마노프를 그저 황족 중 하나일 뿐이라고 생각했다.

로마노프 황족은 305년 동안 세계에서 가장 큰 나라인 러시아를 통치했다. 1917년 공산주의자들이 집권하자 니콜라이Nikolay는

황실 가족의 유골 사진.

왕좌를 포기했고, 그의 아들 알렉세이Aleksei도 이에 대해 이의를 제기하지 않았다. 그러나 로마노프 황실은 집권 마지막 날인 1918년 7월 17일 밤에 비참한 운명을 맞았다. 이른바 적군이라 불리는 공산당 군인들은 니콜라이 2세 황제와 알렉산드라Alexandra 황후, 그들의 다섯 아이와 시종 네 명을 지하실에 가두었다가 모두 처형했다. 표트르는 자신의 증조부와 조부가 러시아 백군 장교였지만, 일주일이나 늦게 도착하는 바람에 황실을 지키지 못했다고 말했다.

다이앤은 고개를 끄덕였다. '표트르의 경외심이 이제 이해가 되는군.'

표트르는 1991년 시베리아 예카테린부르크Yekaterinburg 근처의 커다란 무덤에 아홉 구의 시신이 매장되었다고 덧붙였다. 다이앤은 수를 세보았다. 시신 두 구가 부족했다.

"황녀 한 명과 외아들 알렉세이는 찾을 수가 없었습니다." 표트르가 말했다. 그는 1998년 7월 황실 안장식이 열리기 전에 네크로서치 팀이 열한 구의 유골 모두를 한데 모아주길 바랐다. 그날까지 일 년도 채 남지 않았다.

'로마노프 황족……' 다이앤은 생각했다. 대다수 미국인이 그렇듯이 그녀도 그들을 잘 알고 있었다. 그들은 러시아의 전설과도 같았다. 그들을 소재로 한 영화가 만들어졌고, 역사책에 자주 언급

됐다. 대체 누가 이렇게 흥미로운 제안을 마다할 수 있단 말인가?

네크로서치 과학자인 클라크 데번포트Clark Davenport와 존 린더만John Lindemann은 이 제안을 그다지 낭만적으로 받아들이지 않았다. 두 사람은 러시아를 비롯해 공산주의 국가들의 맹주였던 초강대국 소비에트연방공화국이 몰락한 지 고작 6년밖에 되지 않았음을 강조했다. 러시아와 신생 국가들은 재정난에 처해 있었고 불안정하며 위험했다.

"게다가……" 클라크가 덧붙였다. "네크로서치는 역사를 만들자고 모인 게 아니야. 범죄 사건을 해결하자는 거지."

다이앤은 이 의견에 동의했다. 찾아내야 할 시신들이 있었고, 바로 현재 이곳에 살며 비통해하는 유족들을 도와야 했다. 그러나 뿌리치기 힘들 만큼 이 제안은 매력적이었다. 역사의 일부가 될 수 있는 기회가 왔고, 그녀는 그냥 수락하기만 하면 되는 것이었다.

밤과 낮

1998년 2월 다이앤, 표트르, 네크로서치 지구물리학자 짐 리드Jim Reed, 인류학자 토니 팔세티Tony Falsetti는 러시아로 향했다. 그들은 새벽 2시에 러시아에서도 가장 추운 지역 시베리아 우랄 산

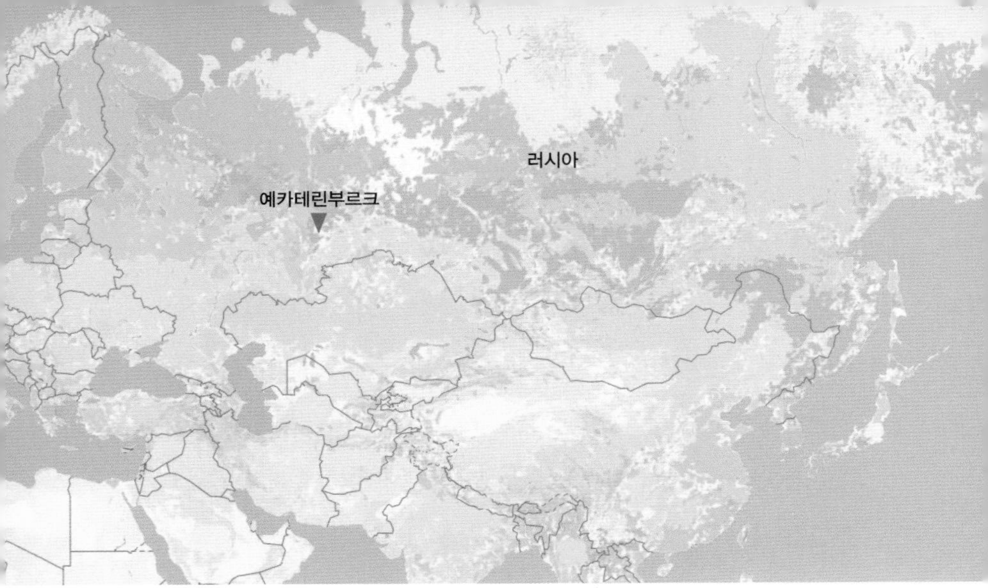

맥에 위치한 도시, 예카테린부르크에 도착했다. 미국인들은 짐을 찾고 나서야 낯선 나라에 왔다는 것을 실감했다. 가방에 주소를 적어놓은 태그가 하나도 남김없이 모두 사라지고 없었다.

"누군가 기념 삼아 떼어갔나 봐." 짐이 놀라며 말했다. "아니면 노점에서 장식품으로 팔려고 했던지."

"그럴 수도 있겠네." 다이앤은 말했다. 그녀는 그런 것을 신경 쓰기엔 너무 피곤했다. 당장이라도 따뜻한 침대 위로 쓰러지고 싶었다.

그러나 안타깝게도 1990년대에 큰 혼란을 겪고 한창 재건 중이던 러시아에서는 관광이 우선순위가 아니었다. 시내에서 최고라던 '호화로운' 호텔은 체크인에만 몇 시간이나 걸렸다. 심지어 호텔은 난방도 되지 않아서 네 사람은 체크인을 기다리는 동안 로

시베리아의 풍경. 예카테린부르크의 중심가가 눈으로 덮여 있다.

비 한쪽의 바에서 덜덜 떨어야 했다.

“시베리아를 겨울에 여행하는 건 현명한 타이밍이 아닐 수도 있어.” 짐이 말했다.

다이앤은 미소를 지었다. “장난치지 마!”

다이앤의 방도 로비만큼이나 추웠고, 온수도 나오지 않았다. 그녀는 옷을 잔뜩 껴입고 단 한 시간이라도 자보려고 애썼다. 동이 틀 무렵, 잠을 깨우는 노크 소리가 들려왔다.

냉대

이번 여행의 목적은 시신이 묻혀 있을 만한 지역을 살펴보고

러시아 지질학자 알렉산드르 아브도닌은 1979년 로마노프 황실 묘지를 발견했다. 그러나 소비에트연방공화국이 이 묘지를 파괴하고 자신에게 위해를 가할까 봐 그는 묘지 위치를 10년 동안 혼자 비밀로 간직했다.

수색 계획을 세우는 것이었다. 그러고 나서 봄이 되면 네크로서치 팀이 와서 사라진 시신들을 찾을 예정이었다. 표트르는 60대의 은발 지질학자 알렉산드르 아브도닌Alexander Avdonin을 소개했다. 모두가 그를 아브도닌이라 불렀고, 그는 큼지막한 붉은 코에 두꺼운 안경을 쓰고 있었다. 그는 1979년에 도시 근처의 목초지에서 로마노프 황족 다섯 명과 시종 네 명 등 총 아홉 구의 시신을 발견했다. 그가 시신을 발견한 장소에서부터 수색을 시작하기로 했다.

묘지로 가는 길은 보통 때면 차로 30분이지만, 심한 교통 체증과 눈 쌓인 길 때문에 두 시간이 넘는 괴로운 여행이 되어버렸다. 더 괴로운 것은 공기 중에 감도는 쌀쌀맞은 분위기였다.

아브도닌은 러시아어를 하는 표트르에게는 상냥하게 대하는 듯 했지만, 다이앤, 짐, 토니는 아브도닌의 냉대를 느낄 수 있었다.

“저런 사람이랑 악수를 하는 건 죽은 물고기를 만지는 느낌이야.” 짐이 말했다. 다이앤은 아브도닌이 특히 여성에게 무례하다고 느꼈다. 종종 아직도 여성 과학자들을 인정하지 않는 남자들이 있었다. 다이앤은 아브도닌이 자기 아내 갈리나Galina에게 고함을 질러대는 것을 이해할 수 없었다. 갈리나는 아브도닌의 퉁명스런 러시아어를 듣기 좋은 영어로 통역했다. 그녀의 부드러운 말투는 아브도닌의 공격적인 목소리와 분명한 대조를 이루었다.

토니는 아브도닌이 러시아 영토에 미국인들이 함부로 출입하는 것을 꺼린다고 생각했다. 이미 1992년 러시아 정부는 발견된 유골 아홉 구의 신원을 확인하려고 법의인류학자 빌 메이플스Bill Maples의 연구팀을 초대한 적이 있었다. 이들은 러시아 과학자들이 발견한 것을 거리낌 없이 반박했는데, 러시아인들은 이를 달가워하지 않았다. 빌 메이플스가 사망한 이후 토니가 인계받은 이 사건 관련 파일 안에는 그런 분쟁의 증거들이 있었다.

황족의 묘지

마침내 차를 도로 한쪽에 세웠다. 차에서 내린 다이앤은 너무나 차디찬 공기에 깜짝 놀랐다. 눈이 족히 30센티미터는 쌓인 것 같았고, 묘지의 위치를 표시한 커다란 러시아 십자가는 거의 다 눈에 묻혀 있었다.

제설차를 불렀지만 오지 못했다. 그러던 중 짐은 목초지를 가로질러 나란히 놓인 커다란 쇠 파이프와 전기 철로, 고압선을 보

아브도닌은 1989년에 예카테린부르크 외곽 목초지에 있는 로마노프 황실 묘지를 공개했다. 그러나 1991년 소비에트연방공화국이 몰락하고 나서야 과학자들은 이를 발굴해 유해를 분석할 수 있었다. 그들은 유골 아홉 구만 발견했으며 아이 두 명은 찾지 못했다.

았다.

전기 철로와 고압선은 전자파를 방출하고 있었고, 그 영향으로 짐의 자력계와 지구물리학 기구들이 망가질 수도 있었다. 이 난관을 어떻게 극복해야 할지 이런저런 고민을 하던 짐은 전경 사진을 찍으려고 디지털카메라를 꺼냈다. 그러나 날씨가 하도 추워서 배터리가 작동하지 않았다. 그는 배터리를 겨드랑이에 끼워 따뜻하게 한 다음 카메라에 장착했다. 몇 장을 찍고 나니 배터리가 방전되었다. 전체 전경을 카메라에 담기 위해 짐은 배터리 두 개를 겨드랑이에 끼웠다가 카메라에 장착하는 동작을 계속 반복해야 했다.

짐은 아브도닌에게 이 사진들을 이용하면 지형을 컴퓨터 맵으로 만들어낼 수 있다고 설명했다. 나중에 그는 컴퓨터에 이 지역의 식물, 곤충, 토양 등의 정보를 입력했다. 컴퓨터는 이 정보들을

수집하고 비교하여 무덤이 숨겨져 있을 만한 지점을 지도에 표시했다.

이미 수십 년간 지질학자들은 석유와 광물의 위치를 찾으려고 컴퓨터 매핑 프로그램을 사용해왔다. 그중에서도 짐의 소프트웨어는 숨겨진 무덤들을 찾아내기 위해 특별히 설계한 프로그램이었다. 이 점은 아브도닌에게 깊은 인상을 주었다.

곧이어 그들은 시체 보관소로 향했다.

손상된 유골

무장 경비원을 대동한 아브도닌은 조사팀을 시체 보관소 앞으로 데려갔다. 그는 문의 밀랍 봉인을 제거했다. 밀랍 봉인은 러시

네크로서치 지질학자 짐 리드가 니콜라이 2세 황제의 두개골에 나 있는 총알 구멍을 가리키고 있다.

아식 보안 장치였다. 그러고 나서 그는 조사팀에게 들어오라고 손짓했다.

다이앤은 1000점가량의 유골과 뼈 조각에 둘러싸였다. 뼈들은 해부학적으로 아홉 구의 유골로 분류되었고, 각각의 유골은 굉장히 고급스러운 케이스에 뚜껑이 열린 채 보관되어 있었다. 사라진 두 명을 제외하고 나머지 로마노프 황족을 만나는 순간이었다.

다이앤은 지금까지 수많은 살인 사건 희생자들을 포함해 수백 구의 유골을 봐왔지만 큰 충격을 받았다. 유골들이 입에 담기도 어려울 만큼 잔인한 이야기를 하고 있었기 때문이었다. 일반인들은 부상의 흔적 정도로 여기겠지만, 전문가인 다이앤의 눈에는

알렉산드라 황후(왼쪽)와 두 딸의 부서진 두개골은 그들이 얼마나 잔혹하게 살해당했는지 보여준다.

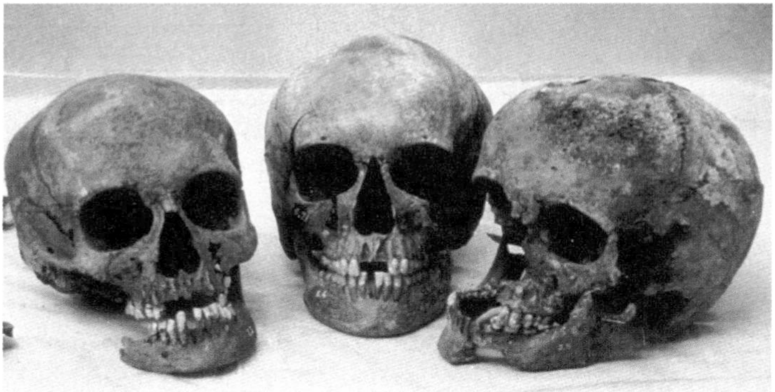

유혈이 낭자한 끔찍한 장면들이 보였다.

몇몇 두개골에는 총알 구멍이 선명했다. 수많은 뼈가 부러지거나 조각나 있었고, 새까맣게 그을려 있거나 산acid으로 부식된 흔적까지 보였다. 트럭에라도 치인 것처럼 부서진 뼈, 수차례 칼에 찔린 듯한 자상도 보였다. 몇몇 두개골의 안면은 박살이 나서, 볼과 눈과 코가 있던 자리의 큰 구멍만 겨우 형태로 남아 있었다.

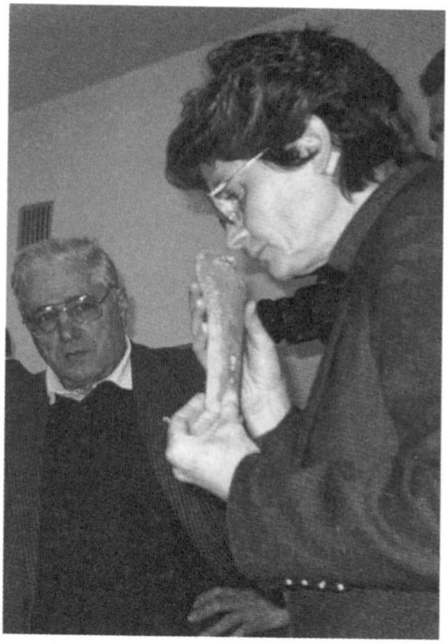
다이앤 프랜스가 로마노프 황실 주치의 유게니 보트킨의 유골 일부를 들고 냄새를 맡고 있다. 그녀는 부패와 관련된 특정 냄새를 식별해보려고 했으나, 곧 아브도닌 박사(왼쪽)가 무척 화가 났다는 걸 느꼈다.

'이들은 무엇을 잘못했기에 이렇게 끔찍한 죽음을 맞아야 했던 걸까?' 다이앤은 궁금했다.

그녀가 러시아 역사를 잘 알지는 못하지만, 이 부서진 유골들로 보건대, 한 가지는 확실했다. 공산당 군인들은 로마노프 황족을 성인이 아닌 악당으로 보았다는 것이다. '정반대의 입장이로군!'

다이앤은 몸을 아래로 숙여 황실 주치의였던 2번 유골의 뼈 한 점을 집어 들어 냄새를 맡았다. 저절로 나온 반응이었다. 다이앤은 셰어 엘더의 돌무덤 사건 때처럼 종종 예민한 후각을 이용해 단서를 찾아냈다. 유게니 보트킨Eugene Botkin 박사의 유골은 다른 유골들과 냄새가 달랐다. 그의 몸통뼈들은 큼직한 시랍屍蠟 덩어리들로 결합되어 있었다. 시랍은 시신의 지방이 무덤 속에서 수분과 결합했을 때 생겨나는 밀랍 물질이다. 그 냄새는 뚜렷했지만 세월이 많이 흘러 다른 냄새로 바뀌었다. 시랍이 80년이나 남아 있었던 사실에 놀란 다이앤은 특별히 호기심을 가지고 뼈의 냄새를 맡았다.

그러던 중 다이앤은 불현듯 이상한 느낌이 들었다. 눈을 들자 정면에 두껍고 커다란 안경 너머로 자기를 노려보는 매서운 파란 눈이 보였다. 아브도닌은 화가 난 정도가 아니라 폭발하기 직전이었다. 이번에는 갈리나의 통역이 필요하지도 않았다. 아브도닌의 몸짓은 이런 내용이었다. '이보시오, 로마노프 황실 주치의의 냄새를 맡다니 무슨 짓입니까?'

다이앤은 황급히 뼈를 제자리에 내려놓았다. '더 이상 참견하지 마세요.'

나이 차이

다이앤은 옆걸음으로 황제와 황후의 딸이었던 세 황녀의 유골 쪽을 향해 갔다. 그들의 손상된 유골에는 차례로 3, 5, 6이라는 번호가 매겨져 있었다. 그녀는 '올가'라고 표시된 3번 유골이 가장 나이가 많다는 것을 한눈에 알아보았다. 그 유골의 모든 팔다리 뼈는 성장을 마친 상태였다.

뼈의 성장이라는 것은 더 커지거나 길어지는 것이 아니라 융합의 개념으로 이해해야 한다. 아기는 수백 개의 뼈가 있으며, 그 대부분의 뼈가 흔히 생각하는 뼈라기보다는 부드러운 연골에 가깝다. 그런 뼈와 연골들은 성인이 되면 206개의 단단한 뼈로 융합되고, 그 각각의 융합은 신체의 여러 부위에서 다른 시기에 점진적으로 일어난다.

올가의 뼈는 모두 융합을 마친 상태였다. '그녀는 20대 성인 여성이었어.' 다이앤은 추정했다.

'타티야나'라고 표시된 5번 유골은 올가보다 어렸다. 팔다리뼈 역시 융합되어 있었으나 성장을 마친 지 얼마 되지 않은 흔적들이 보였다. 두 뼈가 만난 지점에 골단선epiphyseal line이 보였다. 골단은 대퇴골이나 경골, 상완골의 일차골primary bone 끝 부분에 분리되어 있는 작은 뼈다. 융합이 이루어지기 전의 골단과 일차골은 뼈가 자라나면서 점차 허물어지는 연골층에 의해 분리되어 있다. 5번 유골은 사망 당시에 그 과정을 갓 마친 상태였다. '10대 후반 아니면 스무 살'이라고 다이앤은 생각했다.

6번 유골의 나이는 3번과 5번의 중간으로 보였다. 다이앤은 멈칫했다. 뭔가 잘못됐다. 6번 유골은 로마노프 황녀들 중에 가장 유명해서 이 일에 착수하기 전부터 이미 다이앤이 이름을 알고 있었던, '아나스타샤'라고 표시되어 있었다. '아나스타샤는 네 명의 황녀 중에서 가장 막내 아니었나?' 아나스타샤는 그 당시 10대였다. 그렇다면 이 유골들은 말이 되지 않았다. 6번 유골은 분명히 5번 유골보다 나이가 많았다. 만일 이 중에 아나스타샤의 유골이 있다면 가장 어린 5번 유골이어야 했다.

다이앤은 짐과 토니를 한쪽으로 불러냈다. 그녀는 6번 유골을 가리키며 인류학자인 토니에게 물었다. "저 유골이 10대처럼 보여?"

아나스타샤가 자신감 있는 포즈를 취하고 있다. 그녀가 열일곱 살 때 군인들이 그녀의 가족을 살해했다.

뼈는 어떻게 자랄까?

유골의 정확한 나이를 알아내는 것은 어렵지만 불가능한 일은 아니다. 나이가 확인된 유골을 수천 구를 분석한 결과, 인류학자들은 여자아이의 대퇴골이 출생 시부터 성인이 될 때까지 아래 그림자 같이 자라난다는 것을 밝혀냈다. 로마노프 황족 3번 유골의 대퇴골에는 융합선이 없었기 때문에 러시아와 미국 과학자들은 이 뼈가 스물세 살의 올가(사진 오른쪽)의 것이라고 식별해냈다. 6번 유골은 "아나스타샤"라고 분류되었지만 팔다리뼈가 이미 완전히 융합되어 있었다. 다이앤과 빌 메이플스는 6번 유골이 스물한 살의 타티야나(사진 왼쪽)라고 생각했다. 러시아인들은 이 의견에 동의하지 않았다. 그들은 6번이 아니라 5번 유골을 타티야나로 분류했다. 그러나 다이앤이 보기에 5번 유골의 성장 상태는 더 어린 10대 후반의 연령대를 나타내고 있어 사망 당시 열아홉 살이었던 마리아에 가까웠다. 이런 추론에 따라서 다이앤은 이 세 유골 중에는 아나스타샤(사진 가운데)에 해당되는 어린 유골이 없다고 결론지었다. 결국 막내 공주의 행방은 미스터리로 남아 있다고 다이앤은 믿었다.

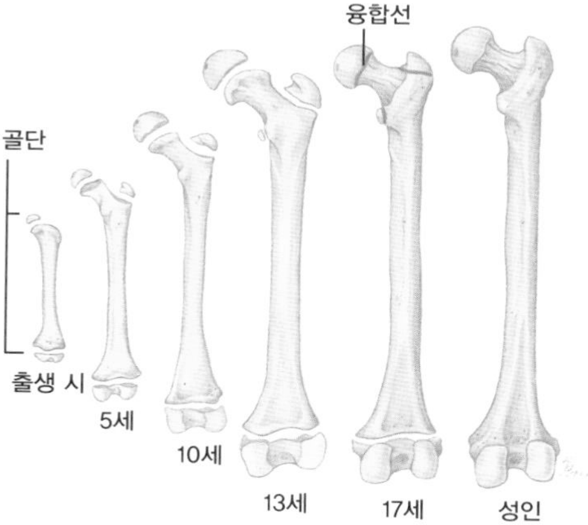

뼈는 여러 조각으로 시작되어 성장하면서 서로 융합된다. 가장 작은 끝부분 조각인 골단은, 연골에 의해 일차골과 연결되어 있다. 신체 나이에 따라 뼈모세포는 점진적으로 연골을 경화시켜 결국 연골은 뼈로 변하게 된다. 대퇴골두 같은 뼈들은 10대 중반에 일찍 융합된다. 그러나 척추골이나 쇄골 같은 뼈들은 20대 초반까지도 융합되지 않는다.

“아니. 전혀.” 토니도 동의했다. “빌 메이플스는 저게 스물한 살 때의 타티야나라고 생각했어. 아나스타샤는 기껏해야 열일곱쯤이었지.”

“그럼 제일 어린 5번 유골은?” 다이앤이 물었다.

“빌은 그게 열아홉 살이었던 마리아라고 했어.”

빌 메이플스는 러시아 과학자들이 추정한 유골의 신장 크기에도 동의하지 않았다. 그는 세 유골의 긴뼈 길이로 신장을 추정했다. 그에 따르면 다른 자매보다 유독 키가 작았던 아나스타샤는 제외되었다. 황녀들의 정확한 신장은 알려져 있지 않았지만 사진을 통해서 그들의 상대적인 신장 차이를 확인할 수는 있었다.

러시아 과학자들은 실종된 유골이 마리아의 유골이라고 확신했지만, 미국 과학자들은 실종된 것은 아나스타샤의 유골이라고 확신했다. 다이앤은 이처럼 오류들을 발견했고 이를 정정해야만 한다고 생각했지만, 다른 한편으로는 자신이 이곳에 와 있는 이유를 되새겼다. 그녀는 러시아와 미국 과학자들 사이에 냉전을 일으키기 위해서 온 것이 아니었다. 이 일의 목적은 그들의 이름이야 뭐가 되었건, 사라진 두 아이의 유골을 찾는 것이었다. 다이앤과 토니, 짐은 네크로서치 임무에만 집중하자는 의견에 동의했다.

열전

다음 날 조사팀은 합의서에 서명하려고 아브도닌의 사무실을 방문했다. 사무실은 포스터와 유니폼, 공산주의 유물로 가득 찬 박물관 한쪽에 위치해 있었다. 방은 추웠지만 밝고 깨끗했다. 난방비와 전기료를 아끼기 위해 잘 사용하지 않는 홀과 방은 난방과 전기를 꺼놓은 상태였고 지저분했다. 여자 화장실도 다이앤을 경악하게 했다.

아브도닌은 아내 갈리나를 옆에 두고 자신의 큰 책상 앞에 앉았다. 그는 다이앤 일행에게 러시아어로 작성한 문서를 보여주었고, 표트르는 이를 해석하기 시작했다. 그러나 첫 문장에서부터 문제가 생겼다. 문서에는 네크로서치의 목표가 알렉세이와 마리아를 찾는 것이라고 명시되어 있었다.

다이앤은 얼굴이 화끈거렸다. '이건 아니잖아. 또 시작이군.' 그녀는 문서에 이대로 서명할 수 없는 이유를 차분하게 설명했다. 다이앤은 사라진 황녀가 마리아가 아니라 십중팔구 아나스타샤라고 확신했다. 그녀가 유골의 성장판에 대해 이야기를 시작하자마자 아브도닌은 고개를 쳐들고 얼굴을 붉혔다. 그는 러시아어로 소리치기 시작했다.

갈리나는 이를 통역하려 애썼다. "당신들이 뭐요? 당신들은 여기에 와서 딱 한 번 유골을 봤을 뿐인데 우리 연구 결과를 부정하고 있소! 러시아 최고의 과학자 세 명이 실종된 공주는 마리아라고 했소! 그들이 맞아요!"

다이앤은 말했다. "그래도 저는 서명할 수 없어요." 그녀는 정확한 일처리로 명성을 쌓아왔다. '내 명예를 실추시킬 위험한 짓은 하지 않겠어.'

마음껏 소리쳐라

아브도닌은 폭발해버렸다. "우리한텐 당신들이 틀렸다고 말해줄 과학자가 열 명은 되오. 그 사람들은 이 유골을 몇 달이나 연구했지! 그런데 당신들은 2분 만에 그 따위 결론을 내려?"

갈리나는 걱정스러운 표정으로 다이앤에게 말했다. "제발! 이 양반을 화나게 하지 말고 그냥 서명해주세요."

다이앤은 고개를 가로저었다. 그때 한 가지 아이디어가 떠올랐다. "문구를 조금 바꾸면 어떨까요?" 그녀가 제안했다. "우리가 찾는 유골이 로마노프 황녀 중 한 명과 알렉세이라고 하면 괜찮을 것 같아요. 황녀의 이름은 언급하지 않는 것으로 하고 말이죠."

"안 돼!" 아브도닌이 외쳤다. "그건 마리아야! 쉰 명이나 되는 과학자들이 틀렸을 리 없어! 틀린 건 당신들이야!"

다이앤은 잠시 생각에 잠겼다. 아브도닌의 말에도 일리는 있었다. 다이앤이 모든 근거를 확인한 것은 아니었다. 아나스타샤의 성별, 나이, 키만이 유일한 단서는 아니었다. 러시아 과학자들은 사진 합성법을 굉장히 신뢰했다. 사진 합성법은 컴퓨터로 안면 사진과 두개골 사진을 조합하는 방법이다. 아마 과학자들은 사진을 합성한 뒤 이목구비와 그 크기가 서로 일치하는지 하나하나 비교했을 것이다. 예를 들어, 3번 유골의 두개골은 사진 속의 올가처럼 이마 부위가 돌출되어 있었다. 러시아 과학자들은 6번 유골의 두개골 형태가 타티야나나 마리아의 사진과 일치하지 않는다고 결론지었다. 그럴 경우 아나스타샤만 남는다.

다이앤은 그 기법이 불완전하다고 생각했다. 특히 황녀들의 두개골처럼 박살난 경우에는 더욱 그랬다. 마치 깨진 도자기 조각들을 붙이듯이 작은 두개골 조각들을 접착제로 붙여야 했다. 손상되거나 유실된 조각도 많았다. 따라서 복원된 두개골에는 구멍이나 틈이 생기고, 특히 가장자리가 들쭉날쭉하거나 접착제 때문에 위치가 왜곡될 수도 있다. 심지어 온전한 두개골과 완벽한 사진을 합성한다 해도 다이앤은 사진 합성법만으로는 결과를 신뢰할 수 없다고 여겼다.

그 방법으로는 얼굴에 뚜렷한 특징이 없는 사람은 배제될 수도 있다. 그러나 다른 단서 없이 두개골의 주인을 완전히 밝혀낼 수는 없었다. 예를 들어 돌출된 이마를 가진 사람만 3번 유골의 주

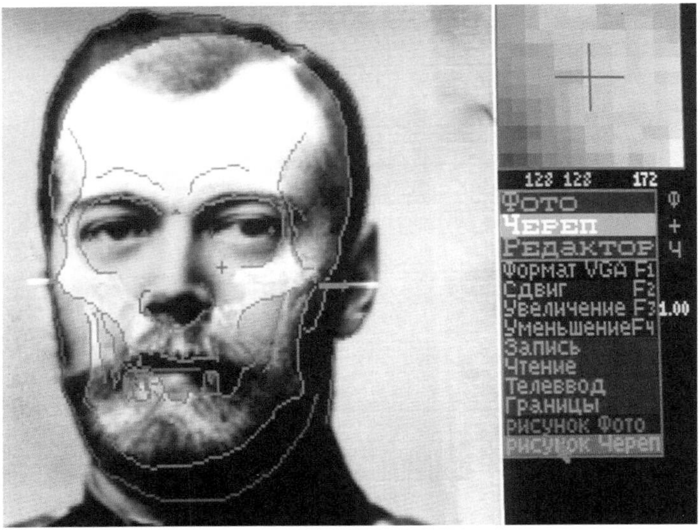

러시아 과학자들은 컴퓨터를 이용해 황제의 두개골 사진과 얼굴 사진을 합성했다. 그런 뒤 이마의 모양, 광대의 넓이, 얼굴의 길이 같은 특징을 일치시켰다. 대부분의 특징이 일치했다.

인이 될 수 있지만, 이마가 튀어나온 사람이 어디 한둘인가! 그러나 나이, 신장, 치아 충전재 등의 다른 데이터들이 있었기 때문에 올가의 유골은 신원을 확실히 밝힐 수 있었다.

그래도 다이앤은 과학자로서 모든 단서를 신중히 검토해야 한다고 생각했다. 그녀는 아브도닌에게 물었다. "저희가 자료들을 좀 볼 수 있을까요?"

"그러시오." 놀랍게도 그는 순순히 허락해주었다. "하지만 모든 자료는 모스크바에 있소. 당신이 지금 합의서에 서명을 하면 나중에 그 자료들을 볼 수 있을 것이오."

다이앤은 고개를 가로저었다. 그렇게 할 수는 없었다. '거짓말일지도 몰라.' 그녀는 생각했다.

아브도닌은 이성을 잃고 고함을 지르며 날뛰었다. 표트르는 갈리나와 마찬가지로 아브도닌이 심장마비나 뇌졸중을 일으키지나 않을까 걱정이 됐다. 그는 아브도닌이 어떤 스트레스를 받고 있는지 십분 이해했다.

아브도닌은 로마노프 황실 이야기를 묻고 잊어버리고자 하는 모스크바의 공산주의 정부를 상대해야 했다. 러시아 정교회의 신도들은 이 황족들을 성인으로 추대하려 했고, 이는 유골을 안장하지 못할 수도 있다는 것을 의미했다. 게다가 로마노프 황실의 사촌이나 조카 등 친척들의 심정까지 고려해야 했다.

그러나 무엇보다도 자신이 알렉세이나 아나스타샤라고 주장하는 늙은 사기꾼들이 가장 문제였다. 이런 상황에 지금 러시아 과학자들이 무슨 일을 하고 있는지도 모른다는 소리나 지껄이는 거만한 미국인들까지 이곳에 와 있다.

아브도닌이 다이앤에게 소리를 지르자 짐은 컴퓨터 화면을 다이앤 쪽으로 돌리고 '프라우다Pravda'라고 입력했다. 러시아어로 '진실'이라는 뜻이다. 다이앤은 미소를 지었다. 짐이 옳았다. 그녀에게 이 일은 정치적인 것도, 종교적인 것도, 감정적인 것도 아니었다. 이것은 오직 진실을 위한 과학 연구였다. 그녀는 과학 연구에 삶을 헌신해왔고 이제 와서 그것을 멈출 생각은 추호도 없었다.

'열전hot war'이 시작되었다. 오후 늦은 시각, 다이앤은 이 사건을 자신보다 더 잘 알고 있는 과학자가 200명도 넘는다던 아브도닌의 말에 주목했다. 그녀도 할 만큼 했다. 소리 지르는 것을 듣고 있는 것도 지쳤다. 팀원들과 잠시 이야기를 나눈 뒤, 그녀는 아브도닌에게 말했다. "우린 돌아가겠어요."

다이앤 일행이 자리를 뜨기 시작하자 마침내 아브도닌이 태도를 바꾸었다. 그는 다이앤 일행에게 계속 머물러달라고 요청했고, 다이앤의 제안대로 서류의 내용을 수정하자고 했다.

'네 시간 전만 해도…….' 다이앤은 생각했다.

아나스타샤는 어디에?

그날 밤 축하 파티가 열렸다. 짐은 피아노로 부기우기를 연주했고, 모두 함께 웃고 노래하며 이야기를 나누었다. 다이앤은 당황스러웠다. 아브도닌이라는 작자는 믿을 수 없을 정도로 무례하고 모욕적인 언행을 보였다. 심지어 그녀는 그와 직접 충돌하기도 했다. 그런데 이제 그는 새로 사귄 절친이라도 되는 듯이 행동했다.

다음 날 공항에서 아브도닌은 다이앤에게 서명을 한 자신의 저서를 선물하며 이렇게 말했다. "당신은 화를 낼 때 아름답더군."

러시아와 미국 간의 협력을 생각해 다이앤은 애써 미소를 지었

우중충한 상트페테르부르크의 지하실에서 운명을 맞이한 지 80년이 지난 후에야, 러시아 대통령 보리스 옐친은 이 그랜드 홀에서 로마노프 황실 국장을 치렀다. 러시아 국민들은 그들을 기리기 위해 그 자리에 참석했다.

다. 미국으로 돌아오는 긴 비행 동안 다이앤과 짐은 네크로서치 팀에 전화를 걸었다.

"아브도닌은 무례하고 정말 같이 일하기가 괴로운 사람이에요."라고 다이앤은 보고했다. "우리한테 같이 일하자고 하지 않는 게 차라리 좋았을 텐데……. 하지만 이렇게 된 이상 그럴 가치가 있었으면 좋겠어요."

그러나 다이앤이 예감한 대로 네크로서치는 그해 봄에 다시 초대받지 못했다. 아마 여전히 아브도닌의 화가 안 풀렸기 때문일 것이다. 두 구의 시신이 실종된 상태인데도 로마노프 황실 안장식은 그해 여름인 1998년 7월 17일에 러시아 상트페테르부르크에서 거행되었다. 그날은 그들이 학살된 지 정확히 80년이 되는 날이었다. 6번 유골은 결국 아나스타샤로 알려진 채 매장되었다. 러시아 대통령 보리스 옐친Boris Yeltsin은 "우리 역사상 가장 수치스러운 사건 중 하나입니다."라고 연설했다.

2000년 2월, 다이앤과 러시아 과학자 세르게이 니키틴Sergei Nikitin은 네바다주 리노에서 열린 미국법과학회American Academy of Forensic Sciences 컨퍼런스에서 이 사건을 주제로 발표했다. 다이앤은 미국 과학자들이 6번 유골이 아나스타샤가 아니라고 확신했던 증거에 대해 논평했다.

세르게이는 러시아 과학자들이 사진 합성법으로 6번 유골이 아나스타샤의 것이라고 확신하게 된 경위를 설명했다. 그런 뒤 그는 아나스타샤의 얼굴을 복원한 모습을 제시했다. 두개골 조각을 붙인 뒤 그 위에 얼굴을 조각한 것이었다. 컨퍼런스 룸은 인파로 가득 찼다. 이미 오래전에 사망해 이제서야 정식으로 매장된 러시아 황족은 아직도 많은 사람들의 관심을 끌고 있었다.

결국 이듬해에 아브도닌은 짐 리드에게 컴퓨터 프로그램과 지질학 장비들을 가지고 방문해달라고 요청했다. 짐은 신이 나서 짐을 꾸리고 장비를 챙겼다. 그러나 안타깝게도 아브도닌이 뇌졸중으로 쓰러지는 바람에 그 여행은 취소되었다. 표트르는 사비를 들여 수색을 계속 진행해보려고 했지만 로마노프 황족의 동화는 도무지 끝이 나질 않았다. 이 글을 쓰고 있는 현재도 두 로마노프 아이들의 유골은 발견되지 않았다.

1995년의 어느 여름 날,

다이앤은 미국의 유명한 무법자 제시 제임스의

텅 빈 안와를 응시했다.

그건 진짜 그였을까?

1864년 제시 제임스는 남부연합 소속 게릴라 조직원이었다. 남북전쟁 이후 그는 서부로 가서 갱단을 조직했다. 다이앤은 제시의 부서진 두개골로 모형을 만들어냈다.

8장

역사적인 인물의 모형을 제작하다

유명인의 유골은 러시아 황족뿐만이 아니었다. 1990년대 초반, 다이앤의 모형제작연구실에는 초기 정착민, 군인, 선원, 영웅과 악당 등 역사 속의 다양한 인물에 대한 사건 의뢰가 줄을 이었다. 사람들은 다양한 이유로 다이앤에게 역사적인 유골들의 플라스틱 모형을 제작해달라고 의뢰했다. 고고학자와 인류학자는 유해를 다시 매장한 다음 모형을 가지고 연구를 계속할 수 있었다. 예술가는 머리를 복원해 점토로 조각하는 작업에 다이앤이 만든 모형을 사용했다. 박물관에서는 이 모형들을 전시했다.

제시의 부서진 두개골.

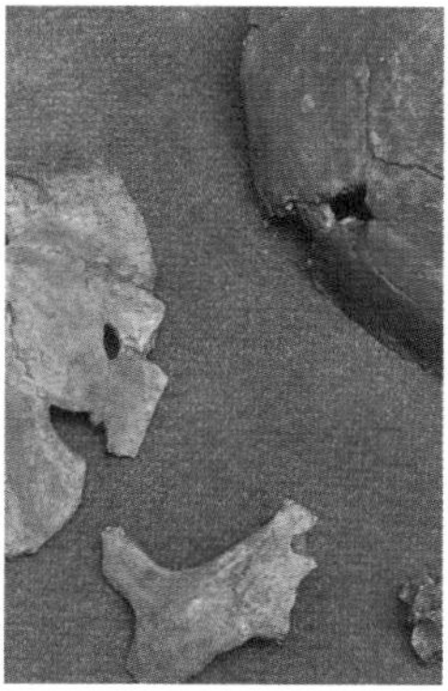

모형 제작은 다이앤의 공식 업무였다. 비공식적으로는 한 인물의 삶에 대한 단서를 찾고자 유골을 분석해보았다. 자연인류학자 중에서 이런 기회를 마다할 수 있는 이는 없을 것이다. 역사적인 인물이건 아니건 모든 유골은 흥미로운 이야기들을 들려준다.

1995년의 어느 여름 날, 다이앤은 미국의 유명한 무법자 제시 제임스의 텅 빈 안와를 응시했다. 그건 진짜 그였을까?

제시 제임스의 이름으로

미주리주 키어니Kearney에 위치한 마운틴 올리벳 묘지 안에 있는 제임스 일가 소유지의 2인용 무덤으로부터 부서지기 쉬운 유골 한 구가 도착했다. 해당 묘비에는 "제시 우드슨 제임스, 1847년 9월 5일 출생, 1882년 4월 3일 암살"이라고 쓰여 있었다.

하지만 과연 그 묘비 아래 묻힌 시신이 정말 제시 제임스일까? 법의학 교수 짐 스타스Jim Starrs는 이 역사적인 미스터리를 풀기 위해 그 묘지에서 발굴된 시신을 사들였다.

오래된 소문에 따르면, 제시는 도망치고 다른 사람이 대신 제시의 무덤에 묻혔다고 한다. 제시 제임스는 텍사스로 가서 다른 이름을 쓰며 아이까지 낳고 살았다고 말하는 사람들도 있었다. 게다가 오늘날 자신이 그 아이들의 후손이라고 주장하고 있는 사람도 적지 않다. 만일 그 주장이 사실 이라면 그 사람들은 살인강도의 증손이 되는 셈이다. 이건 자랑하고 떠벌릴 만한 일은 아니지만, 그래도 미국인들 중에는 무법자들을 영웅처럼 떠받드는 사람들도 있다.

1882년에 찍은 이 사진 속에서 제시 제임스는 말쑥한 신사 모습을 하고 있다. 그해 그는 총에 맞아 사망했다. 그러나 그가 살아남았고 누군가 다른 이가 그의 무덤에 대신 묻혔다는 소문이 빠르게 퍼졌다. 법의인류학자들은 그의 유골을 조사했고, 유골이 제시의 것이 맞는 것 같다고 결론을 내렸다.

유골을 연구하려고 과학자들을 고용한 이후에 짐은 결국 유골들을 다시 매장해야 했다. 그는 추후의 연구를 위해서 두개골에 나타난 정보들을 보존할 목적으로 다이앤에게 두개골 모형을 제작해달라고 의뢰했다. 다이앤은 이를 수락했지만 제시 제임스 유골의 진위 여부를 둘러싼 논쟁에는 관심이 없었다. 제시가 죽인 수많은 희생자는 한 세기도 더 전에 땅에 묻혔다. 다이앤은 현재의 살인 사건 피해자들의 유족을 돕는 일이 훨씬 더 중요하다고 생각했다. 그럼에도 그녀는 두개골을 손에 들고 관찰하는 동안 그 유명한 총알 구멍을 찾지 않고는 배길 수 없었다.

이 무법자의 죽음은 전설과도 같았다. 1882년 4월 3일, 토머스 하워드라는 가명을 쓰고 있던 제시 제임스는 핑커튼 사무소 탐정들을 피해 미주리주 세인트 조셉St. Joseph 근처에 있는 어느 농장에 숨어 있었다. 은행과 열차 강도로 유명한 제임스 갱단 소속 밥

1882년 제시 제임스의 머리를 뒤에서 총으로 쏘고 있는 밥 포드를 묘사한 그림. 이런 가정적인 분위기에서 제임스는 마치 영웅 같고, 포드는 겁쟁이 같다.

포드Bob Ford는 제시에게 걸린 현상금 1만 달러가 탐났고, 밥은 제시의 행방을 알고 있었다. 살인 청부업자를 생포하는 것보다는 죽여서 잡는 것이 훨씬 안전하기에, 밥은 제시 제임스가 벽에 걸린 사진의 먼지를 털고 있을 때 뒤에서 그의 머리를 총으로 쐈다.

그러나 현상금을 받기는커녕 밥 포드는 살인죄로 유죄 판결을 받았다.

신문은 토머스 하워드라는 이름으로 알려져 있던 제시 제임스가 서른넷의 나이로 사망했다고 보도했다. 어떤 이들은 이 이야기를 노래로 만들기도 했다. "비열한 겁쟁이가 하워드 씨를 쐈네. 불쌍한 제시는 무덤 속에 누웠네."

어느 정도는……

한 세기가 넘도록 땅속에 묻혀 있었기 때문에 두개골 상태는 엉망이었고, 총알 구멍은 찾기 어려웠다. 두개골에는 금이 간 부분도 있고 사라진 조각들도 있었다. 다이앤은 두개골 오른쪽 아래에 총상일 가능성이 큰 흔적의 존재를 알고 있었다. 그 구멍은 가장자리 일부가 사라져서 불완전했지만 그 가장자리에는 비스듬한 사면이 있었다. 이런 사면은 총알이 뼈를 관통할 때 깨끗하게 원형의 총창 사입구를 만들면서 생기며, 반대편 사출구의 경우에는 총알 때문에 원뿔 모양으로 뼈 조각이 부서진다. 물론 우

유골에 총알 구멍이 있다. 이 구멍은 총알의 사입구일까 사출구일까? 답은 사면, 각도, 구멍의 가장자리에 달려 있다. 총알이 반대쪽에서 들어온 경우 아래 사진처럼 원뿔 모양의 조각이 떨어져 나오게 된다.

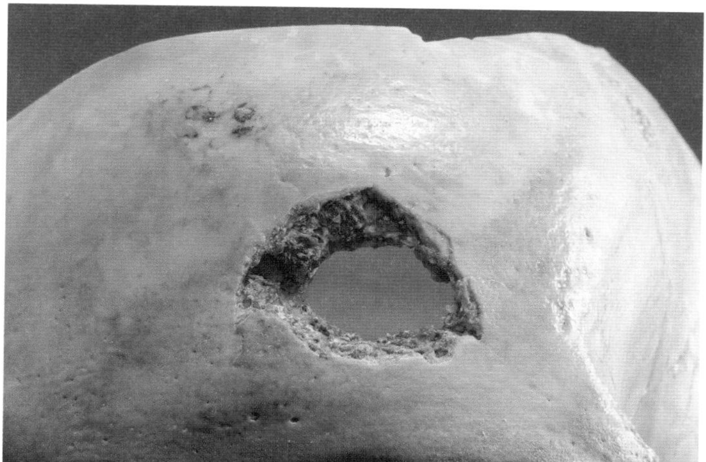

산 꼭지를 비롯해 수많은 물건이 뼈에 이런 종류의 사면을 만들어낼 수 있다. 다이앤은 누군가 제시의 머리를 우산으로 찍었을 것이라고는 생각하지 않았지만, 그것이 총알로 인해 생긴 관통상이라고는 확신할 수 없었다.

법의인류학자 마이크 피네건Mike Finnegan이 소속된 과학팀 보고서에는 다음과 같이 적혀 있었다. "이 남성의 두개골 아래쪽에는 …… 총창 사입구와 비슷한 것이 보인다." "비슷한"과 "보인다"라는 단어가 들어 있다. 다이앤은 자신도 종종 사용하는 이 애매한 단어들을 보고서에 사용하는 것을 허락했다. "아마probably, possibly", "~와 일치하는consistent with"과 같은 불확실한 표현들은 과학 보고서에 필수적이다. 이런 단어들을 사용하면 증거가 부족한 경우에 과학자들이 어떤 것도 단정 짓지 않아도 된다. 사망 원인이 워낙 유명한 제시 사건의 경우에는 "그것이 총알 구멍이다"라고 말하는 것이 실제보다도 더 추측같이 여겨질 수 있었다.

스타스의 보고서에 들어간 유골의 다른 단서는 확실하게 입증된 것은 아니지만 제시 제임스의 특징으로 알려진 점들과 일치했다. 유골의 치수를 측정하고 관찰한 결과 피해자의 나이(30대), 키(172에서 178센티미터 사이), 성별(남성)이 확인되었다. 오른쪽 흉곽에는 제시 제임스가 남북전쟁 당시에 치명상은 아니지만 부상을 당했다고 알려진 것과 일치하는 총알이 박혀 있었다.

과학자들은 모계 유전을 통해서만 다음 세대로 전해지는 유전물질 미토콘드리아 DNA(mtDNA)가 치아와 모발, 긴뼈에 있는지 테스트했다. 몇몇 뼈 조직에서 채취한 미토콘드리아 DNA는 제시의 누이 수전Susan의 살아 있는 자손 두 명의 것과 일치했다. 하지만 그럼에도 증거는 확실하지 않았다. 보고서에는 다음과 같이 적혀 있었다. "(아무리 희박하더라도) 이 유골이 다른 외가 친척의 것이거나…… 또는 미토콘드리아 DNA가 동일한 타인의 것일 가능성이 상존한다."

보고서는 조금 더 애매한 말들로 결론지었다. "발굴된 유골이 제시 제임스의 것이라는 사실을 의심할 만한 어떠한 과학적 근거도 없다." 단서들은 유골이 제시 제임스의 유골이라는 것을 입증하지 못했지만, 동시에 다른 어떤 이의 유골이라는 것 또한 입증해내지 못했다.

헌리 장병들

"이 유골들은 전부 헌리 장병들이에요." 2003년의 어느 여름날, 다이앤은 모형제작연구실을 방문한 방문객 두 명에게 말했다. 그녀는 나무 선반 위에 진열해둔, 잘 보존된 두개골 모형 여덟 개를 가리켰다.

호레이스 헌리Horace Hunley는 미국 남북전쟁 당시 적군의 배를 침몰시키기 위해 만든 첫 잠수함이었다. 이 남부연합 선박은 전력, 동력 엔진, 원거리 어뢰가 발명되기 이전에 만들어졌다. 이 배는 사람의 힘으로 움직였다. 밀폐된 철제 잠수함의 길이는 지휘관과 승무원 일곱 명이 겨우 나무 의자에 어깨를 맞대고 앉을 수 있는 정도였다.

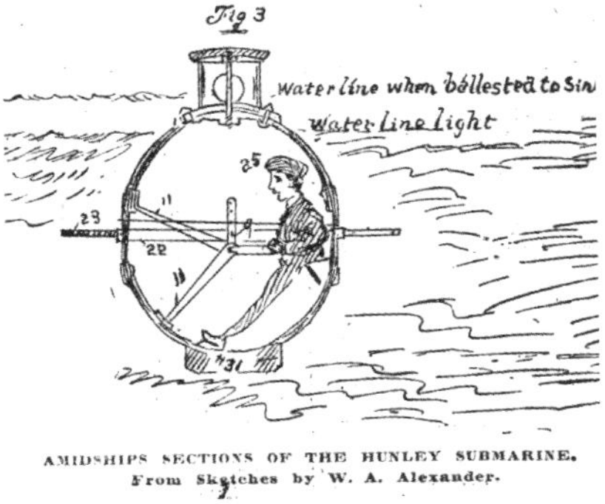

헌리 잠수함에 탑승하려면 승무원은 자동차 타이어만 한 크기의 해치에 몸을 구겨 넣어야 했다. 일어서거나 움직일 수 있는 공간조차 없이 승무원들은 수면 아래에서 몇 시간이고 앉아서 군함을 움직이게 하는 크랭크를 돌려야 했다.

1863년에 드라이 독 위에 놓인 헌리의 모습을 그린 것이다. 시운전 단계에서 헌리 잠수함은 두 번 침몰했고, 잠수함을 발명한 호레이스 헌리를 포함해 열세 명이 익사했다. 그런 위험에도 불구하고 조지 딕슨 중위는 곧장 세 번째, 네 번째 승무원들을 모집했다.

승무원들은 촛불에 의지해 잠수함의 프로펠러를 돌아가게 하는 긴 크랭크를 회전시켰다.

1864년 2월 17일, 나이 스물넷의 지휘관 조지 딕슨George Dixon 중위는 북부연방의 군함 후사토닉 호 쪽으로 잠수함을 몰았다. 호사토닉 호는 남부연합의 병참선을 차단하려고 사우스캐롤라이나의 찰스턴 항구를 봉쇄하고 있었다.

목표물에 다다르자 잠수함은 북부군의 배를 들이받았고 선체 안으로 어뢰를 집어넣은 뒤 후퇴했다. 어뢰가 터졌고 후사토닉 호는 침몰했다. 잠수함 헌리는 무사히 탈출했다. 그러나 이 잠수함은 이상하게도 해안에 도착하지 못하고 실종되었다. 탑승했던 모

찰스턴 베이의 바닥으로 침몰한 지 136년 만에 헌리는 금속으로 된 골조 구조물 트러스로 옮겨져 해저 무덤으로부터 인양되었다.

든 승무원도 실종되었다.

1995년, 난파선 수색대가 항구의 해저에서 헌리를 발견했다. 2000년에는 거대한 트러스(직선봉을 삼각형으로 조립한 골조 구조물) 속의 잠수함을 엔지니어 팀이 조심스럽게 인양했다. 잠수함은 구 찰스턴 해군 기지에 있는 워런 래시 보존 센터Warren Lasch Conservation Center 연구실로 옮겨졌다. 그곳에서 마리아 제이콥슨Maria Jacobsen이 이끄는 고고학팀이 발굴을 시작했고, 잠수함 내부에서 놀라울 만큼 잘 보존된 유골 여덟 구를 발견했다. 마리아는 2004년 4월 이들의 안장식이 거행되기 전에 다이앤에게 승무원들의 유골 모형을 제작해달라고 의뢰했다.

다이앤은 연구실에 있는 두개골 모형 중 하나를 집어 들고 방문객들에게 보여주었다. 그녀는 턱 양쪽의 치아 사이에 벌어진 동그란 틈새 두 곳을 손가락으로 가리키며 설명했다.

"이 남자는 파이프 담배를 피웠어요. 한쪽 방향으로 파이프 담배를 피웠는데 파이프 때문에 이가 아파서 다른 쪽 방향으로 피워야 했죠."

그러고 나서 다이앤은 마리아 제이콥슨이 발견한 20달러짜리 금화 복제품을 집어 들었다. 동전은 휘고 뒤틀려 있었다. 이 동전 덕분에 마리아는 잠수함 함장이었던 조지 딕슨의 신원을 확인할 수 있었다.

딕슨 중위의 가족은 중위의 여자 친구가 선물한 동전이 북군

고고학자 마리아 제이콥슨이 헌리 내부에 쪼그려 앉아 자신이 발견한 딕슨 중위의 금화(여자 친구 퀴니 베넷에게 받은 선물)를 보고 있다. 퀴니와 승무원 세 명의 후손들은 2004년 4월 헌리 장병들의 안장식에 참석했다.

의 총알을 막아 딕슨이 살아남은 일화를 전해주었다. 그후 딕슨 중위는 행운의 상징으로 심하게 훼손된 그 동전을 주머니에 넣고 다녔다. 놀랍게도 그 이야기는 사실로 밝혀졌다. 1860년에 주조된 그 동전에는 "실로Shiloh. 1862년 4월 6일. 내 생명의 수호자. G.E.D."라고 새겨져 있었다.

다이앤은 대퇴골의 반응뼈 부분을 가리켰다. 반응뼈란 총상 같은 부상을 당했을 때 생기는 뼈의 거친 부분을 말한다. 뼈에 상처가 나면 뼈모세포는 새 뼈가 자라나도록 자극하여 반응뼈가 생긴다. 딕슨의 유골은 고관절 부위에 반응뼈가 있었는데, 그곳은 주머니가 있을 만한 위치였다.

헌리 복원팀은 새로 건립하는 박물관에 다이앤이 만든 모형을 전시할 계획을 세웠다. 그런데 과연 유골 모형이 대중적인 전시에 적합한 소재일까? 플라스틱으로 만든 복제품이라 할지라도 군인들의 유골을 전시하는 데 반대하는 사람들도 있다. 물론 다이앤은 나쁠 것이 없다고 생각했다. 그녀는 진짜 유골을 보여주는 것에도 거리낌이 없었기 때문이다.

"만일 이 군인들에 대해서 제대로 알고 싶다면 그들의 유골을 봐야 합니다. 뼈는 한 사람의 삶의 기록이에요. 특히 사망 당시의 상황과 같은 생의 마지막 부분은 더 잘 알 수 있죠."

헌리는 어떻게 침몰했으며 그 원인은 무엇이었을까? 이 불운한 승무원들의 삶과 죽음으로부터 우리는 무엇을 배울 수 있을까? 과학자들은 다이앤의 모형을 가지고 이 질문에 대한 답을 연구해 나가게 될 것이다.

살아 있는 모형

다이앤에게 가장 흥미로웠던 모형 소재는 죽은 사람도, 유명인도, 심지어 인간도 아니었다. 1997년 3월 워싱턴 D.C.의 국립동물원은 다이앤에게 전시용으로 살아 있는 호랑이의 앞발과 혀 모형을 제작해달라고 요청했다. 호랑이의 앞발엔 날카로운 발톱이 있고, 혀는 크고 날카로운 송곳니 네 개 사이에 있다. 하지만 호랑이를 약물로 안정시킬 수 있기에 다이앤은 본인의 안전을 걱정하지는 않았다. 오히려 호랑이를 더 걱정했다. 다이앤은 어떤 방식으로든 동물에게 해를 끼치고 싶지 않았다. 그녀는 살아 있는 동물의 신체 일부를 어떻게 모형으로 제작해야 할지 몰랐다. 특히 동물 중에서도 엄청나게 큰 포식자는 말이다…….

다이앤은 거울 앞에서 혀를 내밀어보았다. 혀는 마치 여린 입속 진입로에 깔린 분홍색 도어매트처럼 보였다. 그녀가 작업할 때 흔히 사용하는 고무 몰드 제조법은 독성이 너무 강해서 불가능했다. 그녀는 고민했다. '삼켜도 안전하고, 쉽고 빠르게 펴 바를 수 있고, 금방 딱딱한 몰드로 굳는 게 뭐가 있을까?'

그 해답은 다이앤의 승마 친구 중 하나인 수의사 메리 라이트 Mary Wright가 찾아주었다. 알지네이트 alginate였다. 메리의 설명에 따르면 알지네이트는 분홍색의 고무 같은 물질로 치아의 본을 뜰 때 사용하는 것이다. 알지네이트가 애완동물에게 안전하다면 호랑이에게 마찬가지일 것이다.

'그리고 사람들에게도 안전할 거야.' 다이앤은 생각했다.

연구실에서 다이앤은 알지네이트 파우더를 물에 개어 반죽을 만들었다. 거울 앞에 선 그녀는 크게 한 숟가락 떠서 자기 혀에 펴 발랐다. 그녀는 기포가 생기지 않게 손가락으로 지그시 눌렀다. '나쁘지 않네.' 그녀는 생각했다. '맛도 스피어민트 같아.' 그녀는 나중에 벗겨내기 쉽게 몰드를 조금 더 두껍게 만들기로 했다.

다이앤은 고양이 화이트의 도움으로 모형 제작 기술을 발전시켜 더 섬세한 작업도 할 수 있게 되었다.

그녀는 한 순갈 더 펴 바르고 또 한 순갈을 덧발랐다.

다이앤은 두꺼워진 혀를 내민 채 알지네이트가 굳을 때까지 자질구레한 일들을 하며 연구실을 돌아다녔다. 10여 분이 지난 뒤 그녀는 천천히 조심조심 알지네이트를 벗겨냈다. 알지네이트는 구부러지거나 찢어지기 쉬웠지만, 혀 모양을 아주 완벽하게 본뜰 수 있었다.

다음으로 예행 연습을 하기 위해 다이앤은 메리의 고양이 화이트를 빌려왔다. 메리는 고양이가 혀로 체열을 방출한다고 이야기해주었다. 고양이의 체온이 오르지 않도록 찬 물을 사용하고, 신속하게 작업하라는 조언도 잊지 않았다.

정기적인 치석 제거를 위해 메리가 고양이를 마취시켰을 때, 다이앤은 고양이의 작은 분홍색 혀를 본떴다. 고양이 입속의 산소 튜브를 피해서 작업해야 했다. 작업을 하는 동안 그녀는 놀라운 인상을 받았다. 고양이의 혀는 온통 가시로 뒤덮인 듯 까칠까칠했다. 고양이는 털을 깨끗하게 고르기 위해 혀에 사상 유두라고 하는 뻣뻣한 돌기를 갖고 있다. 다이앤은 호랑이 혀는 대체 어떤 느낌일지 궁금해졌다. 청소 솔 같은 느낌일까?

호랑이의 혀

동물원에서 동물 치과의사가 성인 남성의 두 배 정도 크기의 마취된 벵골호랑이를 이동시키고 있었다. 호랑이의 무게는 136킬로그램 이상 나가는 것 같았다. 주황색과 검정색 줄무늬를 가진 근육질의 몸뚱이가 수술 카트 밖으로 삐져나왔다. '놀랍도록 아름다운 동물이야.' 다이앤은 생각했다.

치과의사가 호랑이 이빨을 치료하는 동안 다이앤은 호랑이의 커다란 앞발을 알지네이트로 본떴다. 그런 뒤 치과의사들이 양손으로 살살 호랑이의 혀를 당겨 입에서 꺼냈다. 이 엄청난 근육

다이앤이 벵골호랑이의 앞발과 혀를 알지네이트로 본뜰 수 있도록 국립동물원의 전문가들이 도와주고 있다.

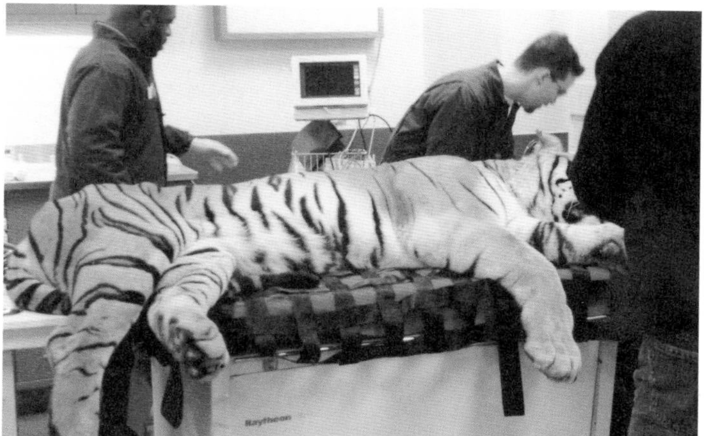

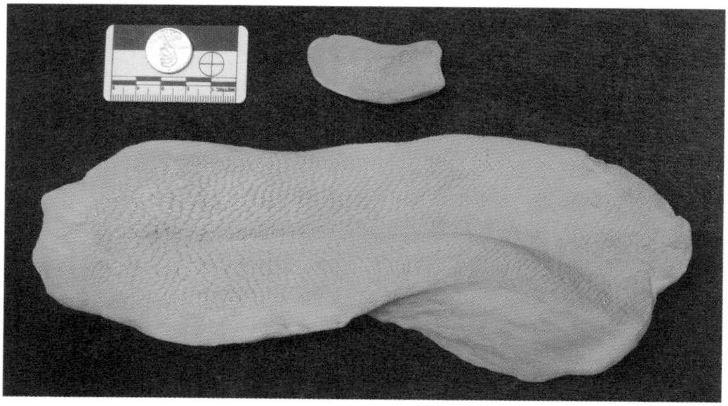

다이앤이 제작한 22센티미터 길이의 호랑이 혀 모형 옆에 고양이 혀 모형이 놓여 있는데, 고양이 혀 모형이 상대적으로 왜소해 보인다(크기를 가늠하기 위해 1페니짜리 동전을 함께 놓았다). 호랑이 혀의 사상 유두는 생고기를 핥으면 바로 뼈와 분리될 정도로 거칠다.

덩어리는 거의 다이앤의 발 크기만 했다. 치과의사가 호랑이 혀를 두 손으로 받치고 있는 동안 다이앤은 재빠르게 작업했다. 혀의 분홍색 표면은 사포처럼 거칠었고, 축축하고 늘어져 있었다. 그녀는 혀의 윗면에 알지네이트를 바르고 굳기를 기다렸다. 약 15분 정도가 지났다. 호랑이는 아직 무방비 상태로 잠들어 있었지만 언제 깨어날지 알 수 없었다. 다이앤은 말랑한 본이 찢어지지 않도록 천천히 조심

혀를 내밀어보세요. 국립동물원 관람객들은 다이앤의 호랑이 혀 모형과 거울에 비친 자신의 혀를 비교해볼 수 있다.

스럽게 벗겨냈다.

다이앤은 이 본으로 고무 실리콘 틀을 만들었다. 그런 뒤 틀을 이용해 단단한 왁스 모형을 만들고는 그것을 금속 가공 회사로 보냈다. 주조 작업자들은 여기에 석고를 발라 작업용 오븐에 넣었다. 그러자 왁스는 녹아내리고 석고 틀만 남았다. 작업자들은 녹인 청동을 이 틀에 부어 식히고 굳혀서 청동으로 된 호랑이 혀를 완성했다.

다이앤이 만든 호랑이 혀와 발 모형들은 동물원 관람객들에게 그녀가 겪은 놀라운 경험을 공유하게 해주었다. 사람들은 호랑이 혀의 거친 표면을 느껴보기도 하고, 호랑이의 거대한 발 안쪽으로 손을 넣어보기도 했다. 그녀는 생각했다. '이건 내가 그동안 해온 일들 중에서 가장 멋진 일이야.' 그녀는 항상 뜻밖의 전화 한 통으로 심각한 문제들이 찾아온다는 것을 알면서도 지금 그 순간을 음미했다.

온 나라가 충격과 공포에 휩싸였다.

또 다른 공격이 있을까?

대체 누가, 왜 이들을 죽였을까?

2001년 9월 11일, 해안경비대가 대규모 사망 사건 현장인 세계무역센터 근처에 배들이 다가오지 못하도록 뉴욕 항구를 순찰하고 있다.

9장

전화 한 통으로 맞이하는 재앙

1997년 어느 여름날 오후, 다이앤은 그 전화가 걸려왔을 때 차에 앉아 있었다. 전화를 받는 게 마치 텔레비전이라도 켜는 것처럼 그녀의 삶에서 대수롭지 않은 일이었던 때가 있었다. 그러나 법의인류학자인 지금은 항상 전화 한 통으로 타인의 불행과 마주하게 된다.

"등산객이 신원 미상의 유골을 발견했어요. 조사해주실 수 있나요?"

"콜로라도 주립대학교 연구실에 방금 살인 피해자가 들어왔어요. 단서가 있을지 조사해주셨으면 합니다."

"보안관이 실종된 시신의 행방에 관한 단서를 가져왔어요. 네크로서치 팀이 조사해줄 수 있나요?"

다이앤이 범죄 현장을 조사하고 있다.

물론, 걸려오는 전화는 조이나 루앤이 쇼핑을 하러 가자고 건 전화일 수도 있다. 아니면 운 좋게도 모형 제작을 의뢰하는 전화일 수도 있다. 그러나 이번에는 그런 종류의 전화가 아니었다. 최악의 소식이었다. 대규모 사망 사건.

다이앤은 DMORT의 일원이었다. DMORT는 'Disaster Mortuary Operational Response Teams'의 약자로 일종의 재난 대응팀이다. 이 미연방 기구는 한 지역에서 자체적으로 다루기에 너무나 큰 재난이 발생했을 때 숙련된 팀을 파견한다. 이 팀에는 검시관, 법치의학자, DNA 전문가, 장의사, 심리학자, 형사, 범죄학자, 굴착기 운전수, 의료 기록 관리자 등이 포함된다. 컴퓨터 전문가들은 모든 사람과 모든 정보를 정리하여 데이터베이스를 구축한다.

다이앤은 1990년대 초반에 DMORT가 처음 창립될 당시부터 인류학자로서 이 팀에 몸담았다.

DMORT의 리더는 다이앤을 속속들이 잘 알고 있었다. 어느 날 새벽 2시에 남태평양의 열대섬 괌의 정글에 대한항공 여객기 801편이 추락했다. 그 당시 약 235명이 사망했다. 다이앤은 네 시간 이내에 현장으로 떠나기 위해 덴버에서 출발하는 비행기를 예약했다.

괌

다이앤은 집으로 돌아와 남편 칼에게 전화를 걸고, DMORT 신분증을 챙기며 짐을 꾸렸다. 그녀는 지구 반대편에서 힘든 일이 자신을 기다리고 있다는 것을 알고 있었다.

DMORT 근무는 하루에 13시간씩 2주 동안 휴일 없이 이어지며, 완전히 체력이 방전되기 전에 집으로 돌아갈 수 있다.

다이앤은 문득 잠시나마 콜로라도를 벗어난 것에 안도감이 들었다. 남편 칼과는 사이가 별로 좋지 않았다. 그녀는 직업상 자주 다른 곳으로 떠나야 했고, 칼은 아직도 그녀를 부하 직원처럼 막 대했다. 다이앤으로서는 칼이 단지 화가 났다는 이유로 소리를 질러대는 것이 정말 질색이었다. 그녀의 결혼 생활은 곤경에 빠져 있었고 이 상황을 어떻게 해야 좋을지 모르는 상태였다. 그래서 디트로이트에서 일본을 경유하여 괌으로 가는 31시간의 비행은 오히려 쉬면서 생각할 시간을 주었다.

비행기는 폭풍우가 몰아치는 한밤중에 괌에 착륙했다. 몇 시간 동안 수면을 취한 다음 날, DMORT는 비행기 추락 현장으로 향했다.

보잉 747기는 활주로에서 몇 킬로미터 떨어진 위치에 추락했고, 크게 네 동강이 난 채 여전히 연기가 나고 있는 상태였다. 잔해를 보고 난 뒤 다이앤은 254명의 탑승객 중 32명만이 살아남

1997년 태평양의 섬 괌에 대한항공 보잉 747기가 추락하여 200명이 넘는 승객이 사망했다. 생존자 대부분은 충돌이 일어날 때 피해가 적었던 비행기 뒷좌석의 승객들이었다.

았다는 사실에 망연자실했다. 생존자 중 세 명은 끝내 병원에서 사망했다. 반면에 한 승무원은 비행기가 산산조각 났음에도 찰과상과 타박상 정도만 입은 채 걸어서 나왔다. 어린 소녀 한 명을 포함한 생존자들은 비행기 뒷좌석과 일등석에서 구조되었다.

피해자들의 친지 수백 명이 공항으로 모여들었다. 생존자에 대한 소식은 그들에게 한 줄기 빛과 같은 희망이었고, 모두가 사랑하는 이들의 생사를 궁금해했다. 생존자 명단이 게재되자 친지들은 이 명단에 또 다른 이름이 추가될지 모른다는 실낱같은 희망을 놓지 않았다.

그러나 다이앤은 사망자 명단이 생존자 명단보다 더 길다는 사실을 알고 있었다.

삶을 바꾼 결정

미군 장병들과 다른 구조대원들은 유해들을 냉동 트럭에 실어 DMORT 임시 영안실인 항공사의 대형 격납고로 운반했다. 평소처럼 다이앤은 복잡한 감정들을 상자에 차곡차곡 담아 끈으로 단단히 묶은 뒤 자신의 마음속 선반 한구석에 놓아두었다. 그녀는 이렇게 힘든 사건을 겪고 나면 가끔씩 수면 장애나 식이 장애를 겪는다. 누구나 마찬가지일 것이다. 그나마 이렇게 감정 상자를 조절하는 방법이 어느 정도 효과를 발휘해, 그녀는 무사히 일을 끝마치곤 했다.

다이앤은 DMORT 근무 기간 동안 매일 해가 뜰 때부터 질 때까지 일했다. 한번은 시리얼에 우유를 부었을 때 나곤 하는, 아주 작게 탁탁거리는 소리가 시체 운반용 자루 속에서 나는 것을 들었다. 자루가 미세하게 움직이는 것이 보였다.

다이앤은 잠시 작업을 멈추었다. 열대의 공기 때문에 뜨거운 물수건을 얼굴에 감고 있는 것 같았다. 그녀는 열악한 현장에 익숙했다. 이런 기후에서 가장 큰 문제는 부패였다. 부패는 덥고 습한 환경에서 훨씬 빠르게 진행된다. 부패가 진행되는 것은 분해자들의 존재 때문이다. 경험으로 미루어보건대, 테이블 위에서 탁탁 소리를 내고 있는 자루 속에서 구더기들이 사체를 먹고 있을 것이다.

벌레들은 작업을 하는 데 별로 달갑지 않은 부류였다. 하지만 다이앤은 이미 오래전부터 벌레에 무뎌졌다. 지금 그녀의 망설임은 다른 이유 때문이었다. 시체 자루의 지퍼에 손을 대려던 그 순간, 다이앤은 자신의 삶을 바꾸는 결정을 내렸다. 칼과 이혼하기로 결심한 것이다. '난 둘 다는 못하겠어. 이런 대규모 사망 사건을 겪고 집으로 돌아가서 또 다른 불쾌함을 겪으며 살 수는 없어.' 그녀는 자신의 일이 너무 힘들기 때문에 다른 스트레스까지 감당할 엄두가 나지 않았다. 일을 계속 하려면 집에서라도 마음의 안정을 찾아야 한다는 것을 그녀는 잘 알고 있었다.

콜로라도로 돌아온 다이앤은 칼에게 말했다. "우리 얘기 좀 해."

그녀가 다른 말을 꺼내기도 전에 그가 물었다. "당신이 나갈래? 아니면 내가 나갈까?"

칼도 같은 생각이었다니 차라리 안심이 되었다. 다이앤과 반려견 모키는 이사 갈 집을 찾았다.

휴식

1999년 10월 31일, 핼러윈 아침에 또 다른 점보제트기가 추락했다. 이집트항공 990편이 뉴욕 JFK 공항에서 이륙한 지 얼마

안 돼서 특별한 원인 없이 갑자기 대서양으로 추락했다. 이번에는 생존 가능성이 거의 없다는 이야기가 친지들에게 바로 전해졌다.

DMORT 호출을 받은 다이앤은 새로운 공식 유니폼인 카키색 밀리터리 바지와 진녹색 셔츠를 챙겨가며 꼼꼼히 짐을 꾸렸다. 그녀는 사고 직후부터 2주 동안 근무하기 위해 동쪽으로 날아갔다.

다이앤은 작업용 마스크를 쓰고, 감정 상자를 정리한 뒤 일터로 나갔다. 한계 상황으로 내몰릴 때마다 그녀는 아드레날린이 분비되는 것을 느꼈다. 그렇게 분출하는 에너지 덕분에 그녀는 매일 13시간씩 근무할 수 있었다. 그런데 갑자기 할 일이 사라졌다. 기후 악화로 인해 해양 탐색 작업을 할 수 없게 된 것이었다. 그녀는 콜로라도로 돌아왔다.

그리고 며칠 뒤, 병원 정기 검진 때 그녀는 자신이 갑상선암에 걸렸다는 사실을 알게 되었다. 다이앤은 그동안 아무런 병증도 느끼지 못했다. 다행히 갑상선암은 수술과 암세포를 죽이는 약물 치료를 병행하면 치료가 가능했다.

2000년 1월, 수술이 성공적이어서 그녀는 목에 밴드를 붙이고 회복차 집으로 돌아올 수 있었다.

마침 전화가 울렸다. DMORT 리더 프랭크 솔Frank Saul이었다. 이집트항공 작업이 재개되어서 당장 그녀의 도움이 필요하다고 했다. 그녀는 믿을 수가 없었다. 집으로 돌아온 지 한 시간도 채

되지 않았다. 프랭크는 긴급하다고 강조하며 그녀에게 하루이틀 안에 현장으로 올 수 있냐며 계속 고집을 부렸다.

말 핸디Handy를 타고 콜로라도 광야를 질주하는 것이 다이앤에게는 휴식을 취하는 좋은 방법이었다.

앞으로 몇 주간, 다이앤은 방사선 치료를 받아야 했다. 방사선 치료를 받으면 육체적으로 기진맥진해진다는 것을 익히 들어 알고 있었다. 아마 방 안을 걸어다니는 것조차 벅찰 것이다. 뉴욕까지 날아가서 13시간씩 매일 일할 수는 없었다.

그녀의 삶에서 처음으로 도움을 요청하는 전화에 "안 돼요."라고 답했다. 물론 선택의 여지가 없었기에 그렇게 대답했지만, 그 순간 망치로 한 대 얻어맞은 것 같았다. '왜 예전에는 이 생각을 못했지?' 불현듯 그녀는 자신이 대규모 사망 사건을 다룰 필요가 없다는 사실을 깨달았다. 다른 인류학자들이 잠시 그녀를 대신할 것이다.

이런 깨달음은 일 년간 대규모 사망 사건으로부터 다이앤을 벗어나게 해주었다. 다이앤에게는 휴식이 필요했다. 결국 암은 완치되었고, 그녀는 편안하게 혼자서 영국으로 트레킹 여행을 떠났다. 다이앤은 귀국 후에 네크로서치 회장직을 인계받았고, 그후 계속해서 살인 사건들을 조사했다. 그러다 2001년, 그녀는 역사상 가장 어마어마한 법의학 수사에 참여하게 되었다.

9/11

2001년 9월 11일 다이앤은 새벽녘에 일어나서 커피를 내리고 있었다. 그녀는 미식축구 선수 덴버 브롱코스Denver Broncos가 다리에 두 군데나 심한 골절을 입은 뒤 어떻게 되었는지 궁금해서 TV를 켰다. 그녀는 아버지처럼 열렬한 팬은 아니었지만 덴버의 부상 소식은 콜로라도에서 큰 이슈였다. 다이앤이 막 샤워를 하려던 순간, 그녀는 그 밖의 다른 모든 이야기들을 덮어버릴 만한 소식을 접했다.

그녀는 눈이 휘둥그레져서 점보제트기가 뉴욕의 세계무역센터 북쪽 타워에 충돌하는 뉴스 영상을 보았다. 타워가 불길에 휩싸여 있을 때, 또 다른 제트기 한 대가 남쪽 타워로 날아들었다.

다이앤은 전화를 기다릴 수가 없었다. 저 빌딩 안에는 분명히 수천 명의 사람들이 있을 것이고, DMORT는 그녀에게 도움을 요청할 것이다. 다이앤은 첫 번째 근무 조에 배치될 경우를 대비해 서둘러 짐을 쌌다. 한 시간이 채 지나지 않아 세 번째 납치된 비행기가 버지니아주 알링턴Arlington의 국방부 건물과 충돌했다. 그로부터 20분 뒤 믿을 수 없게도 세계무역센터 남쪽 타워가 검은 먼지 구름과 잔해를 남기면서 붕괴되었다. 이 비극의 뒤를 이어 펜실베이니아 외곽 벌판에 네 번째 납치된 비행기가 추락했다. 잠시 뒤 다이앤의 시계가 오전 8시 30분을 가리킬 무렵 세계무역센터의 북쪽 타워가 무너져 내렸다.

온 나라가 충격과 공포에 휩싸였다. '또 다른 공격이 있을까? 대체 누가, 왜 이들을 죽였을까?'

그로부터 2주 뒤인 9월 말, DMORT로부터 호출이 왔다. 다이앤은 뉴욕으로 날아가 테러리스트 공격 이후의 두 번째 근무 조에 배치되었다. 그녀는 스태튼섬Staten Island에서 근무하게 되었고, 거기서 세계무역센터에서 가져온 수 톤에 해당하는 물건들을 조사하고 분류하는 작업을 진행했다. 복구팀은 잔해를 뒤지고, 때로는 무릎으로 기어다니며 뭐라도 단서가 될 만한 것들을 찾았다. 다이앤이 맡은 일은 잔해 속에서 치아나 뼛조각 같은 인체 조직을 찾고 분류하는 것이었다.

모든 유해는 맨해튼의 검시소 외부에 있는 18대의 냉동 트럭으로 옮겨졌다. 재난이 일어나고 첫 일 년 동안 DNA 테스트와 다른 법의학 기술들을 활용하여 거의 3000명에 달하는 피해자 중 3분의 1 정도를 식별해낼 수 있었다.

다른 이들과 마찬가지로 다이앤은 좀 더 일하길 원했다. 그녀

는 희생자들 신원 확인 작업에 더 큰 도움이 되고 싶었다. 그러나 본부에서는 그 일을 다른 사람들에게 맡겼다. 그중 한 명은 뉴욕의 유일한 법의인류학자인 에이미 먼도프Amy Mundorff로, 짙은 색 긴 웨이브 머리를 한 젊은 여성이었다. 매일 12시간씩 교대 근무를 하는 동안 에이미는 금이 간 갈비뼈, 타박상, 두부 외상으로부터 회복되었다. 남쪽 타워 붕괴 당시 비상사태에 대처하면서 그 근처에 서 있다가 입은 부상이었다.

스태튼섬에 다른 공격이 또 발생할지 그 누구도 알지 못했으나, 그럴 가능성이 농후해 보였다. 다리는 통행이 금지되었다. 스태튼섬 페리도 운행을 중지했다. 치안 유지군이 모든 사람의 신원을 확인했다.

그러던 중 무전으로 긴급 호출이 왔다. 트럭들과 컨베이어벨트, 그 밖의 기계들이 대부분 떠내려갔다는 것이다. 무전기 너머에서 말했다. "…… 그러니 걱정하지 마세요. 대피해야 하는 상황

작업자들이 세계무역센터가 있던 자리(그라운드 제로)의 잔해들을 조사하고 있다. 9/11 테러를 규명하고 피해자의 유해를 식별할 단서를 찾고 있는 중이다.

이 오면 여러분을 헬기로 데리고 나갈 수 있습니다." 이후 다이앤은 그 호출이 단지 사전 예방 조치에 불과했다는 것을 알게 되었다. 미국은 아프가니스탄을 폭격하기 시작했다. 치안 유지군은 미국 본토에 대한 반격에 대비해 뉴욕을 봉쇄했다.

요란한 소음 너머로 동료들이 다이앤에게 말했다. "우리가 제대로 찾고 있는 건지 모르겠어요."

그건 다이앤도 마찬가지였다. '내가 최선을 다하고 있는 걸까?

더 잘할 수 있는 방법은 없을까? 어떻게 해야 하지?'

다이앤이 대답했다. "모두들 정말 잘하고 있어요." 사실이 그랬고, 다이앤은 자기가 일익을 담당한다는 사실에 자부심을 느꼈다.

인류학자는 수많은 유골을 연구한다.

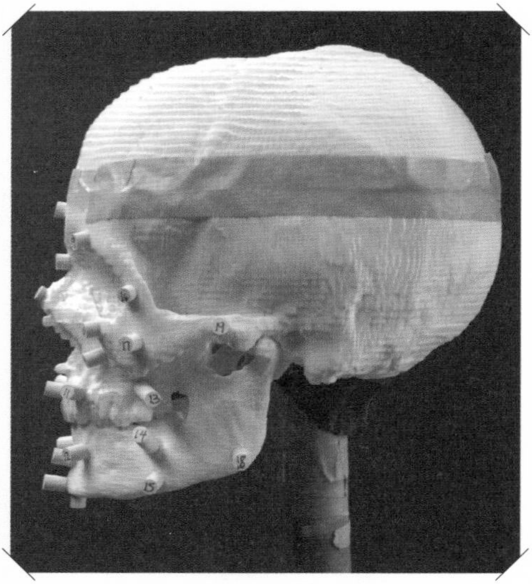

그러나 심각한 부상을 당하지 않는 한

자신의 뼈를 직접 볼 방법은 없다.

점토로 얼굴을 덮을 준비가 되어 있는 두개골 모형. 숫자가 적힌 못들은 조각가에게 '피부' 두께를 어느 정도로 만들어야 하는지 알려준다.

10장

다이앤 프랜스의 해골?

프랑스 모형제작연구실의 나무 선반 위에는 온갖 종류의 뼈와 모형들, 두개골 하나가 거치대 위에 놓여 있다. 이 두개골에는 라벨이 없어서, 호기심 많은 방문객은 이게 누구의 두개골인지 궁금해할 것이다. 그러나 만일 방문객이 인류학자라면 뼈의 세부 특징을 보고 금방 그 비밀을 풀 것이다.

얼굴은 콧구멍처럼 길고 좁다. 입은 썩 넓지 않다. 옆모습의 경우 귀에서 턱으로 이어지는 턱 선의 가장자리가 부드럽게 굴곡져 있다. '제이 레노Jay Leno' 타입의 턱은 전혀 아니지만 턱 끝의 모양이 분명하다. 두개골의 높이와 너비를 보았을 때 모양은 너무 길거나 둥글지 않은 보통 형태이다. 이러한 특징들은 확실히 유럽

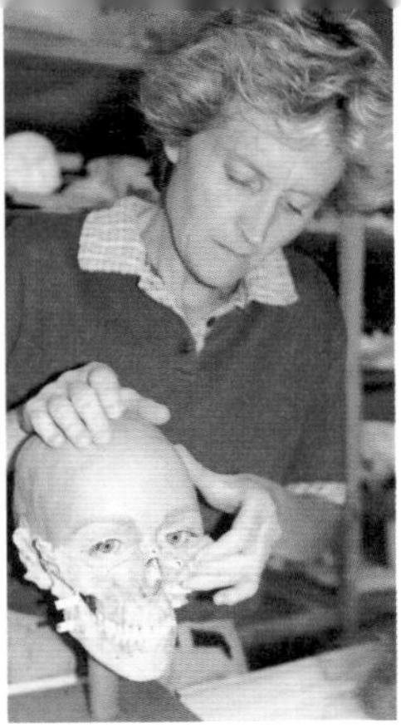
다이앤이 살인 피해자의 실제 두개골을 조사하기 위해 점토로 된 피부를 제거하고 있다

계 혈통을 나타낸다.

눈두덩은 날렵하고 눈썹활은 튀어나오지 않았다. 유양 돌기같이 근육이 서로 접하는 지점은 작다. 이런 모든 특징들은 남성보다는 여성에 가깝다.

이 여성은 어금니가 모두 발달된 것으로 보건대 다 자란 성인이지만 정확한 나이를 가늠할 수는 없다. 결론을 내리기 위해서는 추가 단서가 반드시 있어야 한다.

따라서 이 두개골은 불특정 다수에 해당된다. 인류학자는 보다 범위를 좁히기 위해 특별한 세부 사항을 찾는다.

전두골 안쪽에는 얼굴 중앙선의 바로 왼쪽과 헤어 라인 근처에 작은 종양이 있다.

작은 종양은 양성 종양으로, 대개 살다 보면 저절로 없어지곤 하는 무해한 종류의 종양이었다. 인류학에서는 이런 특이점이 신원을 확인하는 데 훌륭한 단서가 된다. 인류학자는 두개골을 컴퓨터 단층 촬영(CT) 이미지(머릿속을 자세하게 나타낸 컴퓨터 이미지)와 비교하여 이와 똑같은 종양을 찾아낸다. 치과 진료 기록과

두개골과 복안

복안법은 두개골의 모양에 기초하여 얼굴을 만들어내는 예술이며 과학이다. 복안 작업의 과학적인 측면은 안면이 두개골에 꼭 맞는 마스크와 같다는 점에서 시작된다. 뼈의 모양과 크기, 이목구비의 상대적 위치 등을 안면과 일치시킨다. 예를 들어, 두개골의 코에 해당하는 구멍이 매우 좁다면 코도 좁은 모양을 하고 있다.

복안의 예술적인 측면은 뼈만으로는 안면의 모양을 결정짓기가 어렵기 때문에 더 어려운 작업이다.

그렇다면 여러 명의 인류학자가 동일한 두개골을 복안한다면 어떻게 될까? 그들은 같은 얼굴을 만들어낼 수 있을까?

인류학자 놈 사워Norm Sauer는 다이앤의 도움을 받아 그녀의 두개골을 가지고 이를 확인하기 위해 하나의 실험을 준비했다. 그녀의 머리를 CT로 스캔하여 그녀의 두개골을 3D 모델로 변환했다. 다이앤은 이것을 바탕으로 여섯 명의 인류학자에게 나누어줄 플라스틱 모형을 제작했다. 과학자들은 이 두개골이 유럽계 혈통의 30~50대 여성이라고 말했다. 그 뒤 그들은 복안 작업을 시작했다.

제니퍼 필리언Jennifer Fillion은 실험에 지원한 과학자 중 한 명이었다. 실험의 예술적 측면에 대해 이야기하면서 그녀가 설명했다. "우리는 얼굴이 얼마나 통통했는지, 코의 중간부터 끝에 이르는 연골 부분이 어떻게 생겼는지 알 수 없어요."

생각했던 것보다 복안에 참여한 피험자들은 보편적인 코 모양을 고수했다. 다이앤의 코는 좁고 날렵해서 다소 드문 모양을 하고 있었다. 제니퍼의 복안 결과는 좀 더 평범한 둥근 코였다.

제니퍼는 덧붙였다. "입술 모양, 귀 모양, 눈꺼풀의 두께와 모양에도 미묘한 차이들이 있죠." 예를 들어, 눈꺼풀은 두꺼운 모양일 수도, 움푹 들어간 모양일 수 있다. 그녀는 차이가 더 다양한 눈썹이나 속눈썹은 언급하지도 않았다.

얼마나 복안 작업을 해야 사람처럼 보이게 될까? 복안법은 신원 미상의 두개골로 신원을 밝혀내는 데 얼마나 효과적일까? 이에 대한 논의는 아직 진행 중이다. 제니퍼는 눈, 코, 입 각각의 특징을 크게 고려하지 않는다면 복안법이 효과적이라고 믿었다. "그 대신 얼굴의 전체적인 요소와 안면 특징의 조합에 주목해야 해요."라고 그녀는 말했다.

놈 사워는 복안의 가장 큰 효과는 신원 확인이 아니라 미해결 살인 사건을 재조명하는 것이라고 믿었다. 그는 사람들이 키, 몸무게, 나이 같은 숫자보다 얼굴에 보다 관심을 갖는다고 말한다.

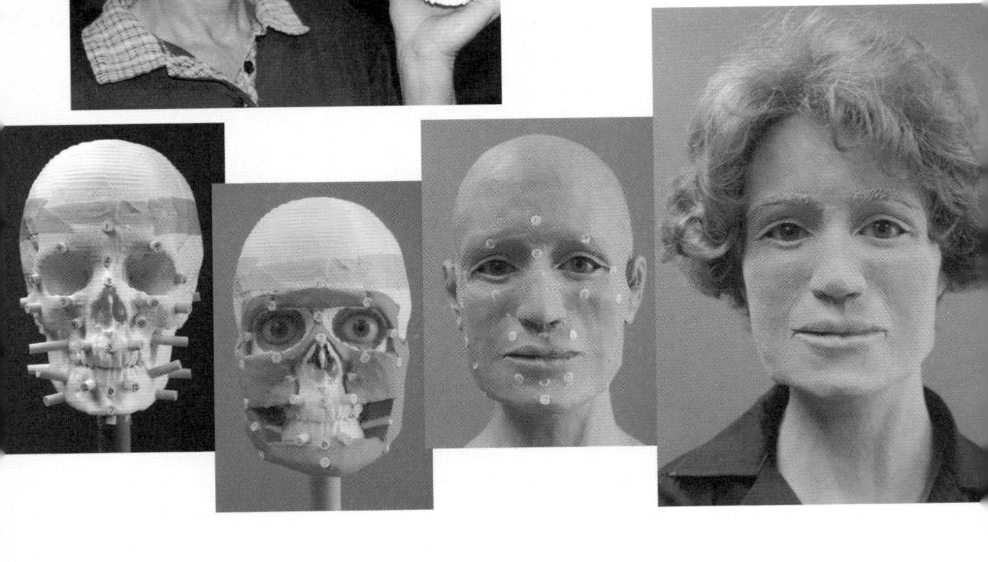

다이앤이 자기 머리를 CT로 스캔하여 만든 두개골 플라스틱 모형을 보여주고 있다. 이것이 다이앤의 두개골 모형이라는 것을 알지 못한 채 미시건 주립대학교의 인류학자 제니퍼 필리언은 아래와 같이 모형을 활용해 안면을 만들었다. 비슷한 점이 보이는가?

치아를 비교하는 것으로 결론을 확정 지을 수 있다. *'이것은 다이앤 프랜스의 두개골이다.'*

피부와 뼈

다이앤은 '자신의' 두개골을 들어 디테일을 살펴보면서 손 안에서 돌려보았다. 물론 손에 들고 있는 것은 진짜 두개골은 아니다. 플라스틱 모형이다. 모형은 두개골 위에 점토로 안면을 만드는 복안법의 정확성을 알아보는 과학 실험에 사용되었다.

인류학자는 수많은 유골을 연구한다. 그러나 심각한 부상을 당하지 않는 한 자신의 뼈를 직접 볼 방법은 없다. 다소 잔인한 발상이지만 맞는 얘기다. 실제로 대부분의 사람들이 볼 수 있는 자신의 뼈는 치아뿐이다. 다이앤은 자신의 살아 있는 피부 밑에 무엇이 있는지 볼 수 있다는 사실에 정말 운이 좋다고 느낀다.

그녀는 아버지가 보인 반응을 떠올리며 미소를 지었다. 언젠가 두개골 모형을 손에 들고 아버지에게 무심코 물었다. "닮았어요?"

아버지는 그것이 뭔지 전혀 몰랐다. 다이앤이 자신의 두개골이라고 말하자 아버지는 굉장히 당황스러워했다. 그는 딸의 얼굴을 보았다가 딸의 두개골을 보았다가 다시 자기 두개골을 손에 들고

다이앤(오른쪽 아래, 말 핸디 옆에)이 모키(왼쪽 가운데)와 친구들과 함께 콜로라도의 보너 픽Bonner Peak 목장으로 말을 타러 갈 준비를 하고 있다.

있는 딸을 보았다가……. 대체 어떻게 이런 일이 가능한 걸까?

이 기술은 자동차 산업에서 착안했다. 자동차 제조업자들은 CAD(컴퓨터 설계) 프로그램을 사용해 새 모델을 디자인한다. 사용자들은 CAD 이미지로 자동차의 내부 또는 외부를 모든 각도에서 볼 수 있다. RPRapid Prototyper라고 부르는 레이저 기계는 CAD 이미지를 토대로 플라스틱이나 다른 소재들을 사용해 3D 모델을 만들어낸다. 다이앤은 자동차의 CAD 디자인 대신 자신의 두개골 CT 스캔을 활용하여 손에 자신의 머리를 들고 있게 된 것이다.

다이앤 프랜스는 자신의 두개골을 다시 선반에 올려놓고 몰딩 작업을 하는 곳으로 맨발로 걸어갔다. 때는 2004년이었고 그해에 다이앤의 나이는 쉰 살이었다. 그녀의 모형제작연구실에는 조수가 두 명 있었고, 그들 세 사람에게는 모두 제작해야 할 모형들이 있었다. 슬프게도 모키가 지난 크리스마스에 열세 살의 나이로 사망했고, 다이앤은 여전히 모키를 잃은 슬픔에 젖어 있었다. 그녀는 월든에서 자랄 무렵 노르웨이 엘크 하운드 종 루비를 기른 이후 평생을 반려견과 함께 살아왔다. 이제 다이앤은 새 반려견인 오스트레일리아 셰퍼드 루시를 기르면서, 루시가 연구실에서 물건에 코를 박고 돌아다니지 않도록 훈련시키고 있다.

모험은 계속된다

모형 제작 사업은 성공적이었지만 다이앤은 계속해서 고민하고 수정을 거듭한다. 그녀는 새로운 플라스틱 제조법을 시도하고 몰딩 기법을 가지고 실험해보는 것을 좋아한다. 자신의 다음 모형 소재가 무엇이 또는 누가 될지 전혀 모른다.

인류학 분야는 성장하고, 변화하고, 발전해 나가고 있으며, 다이앤은 자기 자신을 선생이자 영원한 학생으로 여기고 있다. 그녀는 가끔씩 콜로라도 주립대학교의 법의인류학 수업에서 자신이 만든 모형을 보게 될 때면 싱긋 웃곤 한다. 학생들에게 이 해골의 혈통이 무엇인지 알아보라고 질문할 때면, 어떤 학생들은 모형 뒷면에 적힌 "France"를 보고 "유럽계"라고 적어 내기도 한다(다이앤은 모든 모형에 자필로 서명한다). 그녀는 학생들이 학기를 마칠 때쯤엔 뼈를 '읽는' 방법을 확실히 알 수 있도록 가르친다.

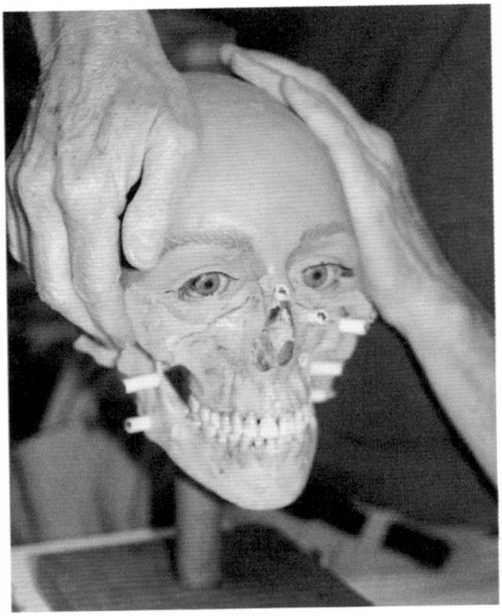

이 젊은 여성은 누구일까? 두개골 위에 점토를 발라 얼굴을 재현했지만 아무도 얼굴을 알아보지 못했다. 다이앤은 점토 피부 아래의 유골에서 그녀가 살해당했다는 단서를 발견했다.

미국법의인류학협회American Board of Forensic Anthropology, ABFA의 공인을 받은 법의인류학자는 많지 않으며, 법의인류학은 아직 성장 중인 신생 학문분야다. 다이앤의 ABFA 자격증 번호는 41번이다. 그녀는 자신의 기술이 흔하지 않지만 매우 중요하며, 그 기술을 통해 슬픔에 빠진 유족들을 도울 수 있다는 점을 알기에 기꺼이 이 기술을 사용하고자 한다. 콜로라도 주립대학교 신원확인연구소의 책임자로서 다이앤은 지역의 살인 사건 피해자들과 신원 미상의 시신을 확인하곤 한다. 또한 그녀는 항상 DMORT의 호출을 받아 세계 어디로든 떠날 준비가 되어 있다.

이제 네크로서치 동료들은 가족이나 마찬가지다. 네크로서치는 모두 자원봉사자들로 구성되어 있으며 지금까지 200건이 넘는 사건에 참여했다. 그들은 38개주와 7개국에 걸친 다양한 지역에서 작업했다. 네크로서치는 연간 약 스무 건의 사건을 맡아 숨겨진 무덤들을 찾는다. 또한 과학자들과 경찰들을 대상으로 숨겨진 무덤을 찾는 방법에 대한 워크숍을 진행하기도 한다.

다이앤은 자신이 참여했던 사건들의 수를 헤아릴 수는 없지만 모든 현장의 세부 사항들을 생생하게 기억한다. 기자가 그녀에게 꼭 한 번 맡아보고 싶은 사건이 있다면 어떤 것인지를 묻자 그녀는 망설임 없이 대답했다. "모두가 찾고 있는 실종자 지미 호파Jimmy Hoffa를 찾고 싶어요(노동조합 지도자로 1975년 미시간주에서 의문의 실종·살해당한 것으로 추정됨)." 그의 시신 위치에 대한 단서는 여전히 가끔씩 수면 위로 떠오른다.

이런 유명한 사건을 해결하는 것은 다이앤에게 진정한 모험일 것이다. 그리고 그녀는 이렇게 말한다. "만일 당신이 정말 멋진 모험들을 한다면 당신은 멋진 삶을 산 거예요."

걸어온 길

1954 5월 11일에 다이앤 프랜스 출생.
1957 남동생 마이크 프랜스 출생.
1971 핀란드에서 여름을 보냄.
1972 콜로라도 주 월든의 노스파크 고등학교를 차석으로 졸업.
1976 콜로라도 주립대학교 인류학 학사학위 취득.
1979 콜로라도 주립대학교 인류학 석사학위 취득.
1980 고고학 교수 칼 제닝스와 가족들만 초대하여 조촐한 결혼식을 올림.
1983 콜로라도 주립대학교 자연인류학 박사학위 취득.
1985 콜로라도주 글렌우드 스프링스에서 일어난 가스 폭발 사고와 화재로 다수의 사망자 발생. 사망자들의 신원 확인 작업에 참여함.
1988 숨겨진 무덤을 전문적으로 찾는 신생 자원봉사 단체 '네크로서치'에 가입.
1989 미국법의인류학협회(ABFA)의 41번째 법의인류학자 자격 취득.
1992 네크로서치 팀이 1974년 실종된 미셸 윌리스의 유해를 발견함.
1994 미셸 윌리스의 살인범 로이 멜란슨의 재판에 참석해서 증언함.
1995 국립동물원에서 개최된 씽크탱크 전시에 다이앤의 청동 뇌 모형이 전시됨. 제시 제임스로 추정되는 남성의 두개골을 모형으로 제작함. 네크로서치 팀이 1993년 살해된 셰어 엘더의 시신을 발견함.
1996 셰어 엘더의 살인범 톰 루서에게 유죄가 선고됨.
1997 살아 있는 호랑이의 혀와 앞발을 모형으로 제작. DMORT 멤

버로서 괌 대한항공 여객기 추락 사건의 피해자 신원 확인 작업에 참여함.

1998 로마노프 황실 가족 중 두 아이의 사라진 유골을 탐색하기 위해 러시아를 방문함. 칼과 이혼.

1999 DMORT 팀에 합류하여 이집트 항공 추락 사건 수색 작업에 참여함.

2000 네크로서치 회장으로 취임. 갑상선암 치료를 받음. 완쾌됨.

2001 9/11 테러 공격 이후, 뉴욕에서 DMORT 팀에 합류함.

2004 '헌리 장병들'의 모형 제작을 마친 뒤 침몰한 잠수함에서 익사한 남부연합 여덟 명의 명예를 기리는 행사에 참석함.

2005 7월 프랜스 집안과 오랜 지인이었던 아서 앱플래널프와 재혼. 육군병리학연구소(AFIP)에서 법의학 신원 확인 강의를 재개함. 네크로서치 팀은 세계의 조사관들을 대상으로 인권 남용과 집단 학살 사건과 관련된 강좌를 계획함.

2010 미국법과학회(AAFS) 자연인류학 부문 T. 데일 스튜어트 상을 수상함.

2017 독립 실험실 콜로라도 신원확인연구소를 지휘하고 있음.

용어 설명

이 책은 뼈를 다루고 있다. 'Bone'이라는 단어는 고대 영어에서 유래했다. 그러나 과학적으로 접근하려면 그리스어와 라틴어를 조금이나마 아는 것이 도움이 된다. 긴 과학 용어들은 그 패턴을 파악하면 이해가 쉽다. 그리스어로 뼈를 나타내는 단어는 'ostéon'이다. 라틴어로는 'ossis'(또는 'os')이다. 만약 어떤 단어에서 이 두 어근을 보게 된다면, 그 단어가 뼈와 관련되었다는 것을 유추할 수 있다. osteology(골학, 골해부학), osteoblast(뼈모세포), osteometric board(골측정 도구), osseous(뼈로 이루어진), ossify(골화되다)……. 이 책에 나온 다른 과학 용어들을 소개한다. 좀 더 자세한 정보를 알고 싶으면 사전을 참조하기 바란다.

검시관 coroner: 사망의 의학적 측면을 조사하는 사람. 사망 원인을 밝히기 위해 시신의 겉과 속을 조사하고 검시한다.
경골 tibia: 무릎과 발목 사이를 연결하는 두 개의 뼈 중에서 안쪽에 위치한 두꺼운 뼈. 정강뼈.
고고학 archaeology: 고대의 민족, 문화, 생활을 연구하는 학문.
대퇴골 femur: 넙다리뼈.
두개골 cranium: 두개골에서 뇌를 둘러싸고 있는 부분.
데옥시리보핵산 DNA, deoxyribonucleic acid: 생물의 유전 정보를 담고 있는 물질로, 세포의 핵 안에 있는 핵산이다.
범죄학자 criminalist: 범죄를 과학적으로 연구하는 전문가. 범죄학자는 DNA를 확인하기 위해 혈액을 검사하고, 총기와 탄환을 일치시키고, 지문을 채취하는 등의 작업을 진행한다. 범죄 현장 조사관은 범죄 현장의 단서를 수집하고 조사하는 범죄학자다.

법의학forensic: 법정이나 공청회에서 사용된다. 법의인류학은 범죄 수사에서 인간의 유해 같은 물리적 단서나 증거들을 처리하는 학문이다. 이 단어는 라틴어로 공청회 장소를 나타내는 'forum'에서 유래했다.

부패하다decompose: 썩고, 부식되고 망가지는 것. 부패되는 과정은 'decomposition(부패)'이라 한다. 'decomposers(분해자)'라고 부르는 생물들이 부패를 돕는다.

상완골humerus: 어깨에서 팔꿈치로 이어지는 팔의 윗부분에 해당하는 긴 뼈.

시료specimen: 동식물 또는 광물 등 과학 연구를 위해 사용되는 모든 표본을 말한다. 곰의 발톱, 꽃, 돌 또는 국립의료박물관에서 병 속에 보존되어 전시되는 신체 일부 등 무엇이든 시료가 될 수 있다.

시신cadaver: 과학이나 의학 연구를 위해 사용되는 사체 또는 시체(corpse, corpus는 '몸'을 의미한다).

연골cartilage: 뼈 사이에 있는 무른 뼈를 말한다. 닭다리의 끝부분처럼 흰색을 띠고 부드럽고 씹으면 오도독 소리가 난다. 연골은 관절 부위에서 뼈들이 서로 닿아 마모되는 것을 막아준다.

유물artifact: 인간이 만들어낸 모든 것, 특히 도구와 무기를 말한다.

인대ligament: 뼈들을 서로 이어주는 결합 섬유. 라틴어로 이 단어는 '묶거나 감다'라는 뜻이다.

인류학anthropology: 인간을 연구하는 학문으로 특별히 인간의 유해와 유물, 문화를 다룬다.

척추동물vertebrate: 척추가 있는 동물. 척추의 각각의 뼈들을 'vertebrae(척추뼈)'라고 한다.

치의학자odontologist: 해부학의 한 분야로 치아 구조를 다룬다.

큐레이터curator: 박물관, 동물원, 미술 갤러리의 전체 또는 일부 섹션을 담당하는 직원.

해부(또는 해부학적 구조) anatomy: 동식물의 구조. 단어가 '–tomy'로 끝나는 경우에는 '절개'를 생각하면 된다. 수백 년 동안 과학자들은 시체를 절개하고 해부하면서 공부했다. 'anatomy'라는 단어는 '해부'를 의미하지만, 오늘날 과학 용어로는 일반적으로 신체(몸)를 의미한다. 형용사는 'anatomical(해부학상의, 해부의)'이다.

흉골 sternum: 가슴뼈.

힘줄 tendon: 근육과 뼈를 연결하는 튼튼한 줄.

단위 변환

아는 단위	곱하기 숫자	변환할 단위
인치	2.54	센티미터
피트	0.30	미터
야드	0.91	미터
마일	1.61	킬로미터
에이커	0.40	헥타르
파운드	0.45	킬로그램
센티미터	0.39	인치
미터	3.28	피트
미터	1.09	야드
킬로미터	0.62	마일
헥타르	2.47	에이커
킬로그램	2.20	파운드

지금까지 다이앤 프랜스와 그녀가 이룬 업적을 알아보았다. 여성 과학자에 관한 웹사이트인 www.iWASwondering.org를 방문하면 법의인류학자와 천문학자, 야생생물학자, 로봇 공학자 등 다양한 분야에 몸담고 있는 여성 과학자들의 이야기를 접할 수 있다. 게임도 하고, 만화도 보고, 과학자가 되어볼 수도 있다. 재미있게 노는 동안 이 세상을 바꾼 놀라운 여성 과학자를 만나보게 될 것이다.

도서

Colman, Penny. *Corpses, Coffins and Crypts: A History of Burial* New York: Henry Holt, 1997. 죽음은 모두가 좋아할 만한 주제는 아니다. 그러나 죽음으로부터 사회, 문화와 관련된 것을 많이 배울 수 있다. 이 책은 약간의 유머를 가미하여 죽음이라는 거친 주제를 다루었다. 내용은 인류학 부분과 역사 부분으로 이루어져 있으며, 자세한 정보와 함께 부패, 무덤, 장례식 등의 사진이 수록되어 있다.

McGowan, Christopher. *Make Your Own Dinosaur Out of Chicken Bones* New York: Harper Collins, 1997. 이 책을 통해 플라스틱 블록을 조립하는 것이 아니라 진짜 뼈로 뭔가를 만드는 방법을 배울 수 있다. 이 책에는 저녁식사를 하고 남은 치킨 뼈를 깨끗하게 만드는 법, 흐트러진 뼈들로 공룡 모형을 만드는 법 등이 나와 있다. 닭, 공룡, 인간의 척추는 기본적으로 동일한 뼈로 이루어져 있다.

Owen, David. *Police Lab: How Forensic Science Tracks Down and Convicts*

Criminals Buffalo, New York: Firefly Books (U.S.) Inc., 2002.
이 책은 현재 활동 중인 실제 법의학자들의 이야기를 다루었다. 법의학자들이 범죄 현장에서 무기와 물리적 증거 분석, DNA 테스트, 안면 복원을 통해 스무 개의 현실 속 범죄 사건들을 풀어나가는 과정을 확인할 수 있다.

웹사이트

France Casting : www.francecasts.com
다이앤이 제작한 인간, 영장류, 일반 동물들의 사실적인 모형을 볼 수 있다.

The Hunley : www.history.navy.mil and www.hunley.org
미 해군의 해군역사센터Naval Historical Center에는 흥미로운 도표, 사진, 문서가 많다. 헌리의 친구들The Friends of the Hunley이라는 단체는 잠수함을 발굴하고 인양하여 사우스캐롤라이나주의 찰스턴에 이를 기리는 박물관을 건립했다.

The National Zoo : www.nationalzoo.si.edu/Animals
다이앤이 제작한 청동 뇌 모형은 '씽크탱크' 전시에서 볼 수 있다. '그레이트 캣츠Great Cats' 페이지를 방문하면 혀가 긴 호랑이에 대해 조금 더 알아볼 수 있다.

NecroSearch International : www.necrosearch.org
숨겨진 무덤을 탐색하는 네크로서치 팀의 웹사이트를 방문하면 그들이 하는 일이 무엇이고 어떤 방법으로 일을 하는지 확인할 수 있다.

참고 문헌

이 책을 쓰기 위해 다이앤 프랜스와 그녀의 가족, 친구 및 동료들과 인터뷰했을 뿐 아니라 여러 책을 읽으며 조사했다. 다이앤 프랜스가 조언해준 자료의 일부를 제시한다.

Alexander, R. McNeill et al. *Bones: The Unity of Form and Function*. New York: MacMillan, 1994.

Baun, Paul. *Written in Bones: How Human Remains Unlock the Secrets of the Dead*. Buffalo, New York: Firefly Books (U.S.) Inc., 2002.

France, Diane L. *Lab Manual and Workbook for Physical Anthropology*. 5th edition. Belmont, California: Wadsworth/Thomson Learning, 2004.

Hoyt, Edwin Palmer. *The Voyage of the Hunley*. Springfield, New Jersey: Burford Books, 2002.

Jackson, Steve. *No Stone Unturned: The Story of NecroSearch International Investigators*. New York: Pinnacle Books, 2002.

Maples, William R. and Michael Browning. *Dead Men Do Tell Tales*. New York: Doubleday, 1994.

Massie, Robert K. *The Romanovs: The Final Chapter*. New York: Random House, 1995.

Ubelaker, Douglas H. and Henry Scammell. *Bones: A Forensic Detective's Casebook*. New York: Harpercollins, 1992.

시리즈 자문위원회

이 시리즈를 기획하고 발전시키는 데 수많은 훌륭한 분들이 시간을 내주고 조언해주었다. 시간과 재능을 나누어준 다음 분들에게 감사드린다.

〈전문가 자문단〉

맥신 싱어 Maxine Singer(자문단 위원장) 생화학자. 워싱턴카네기협회 전 회장.

새러 리 슈프 Sara Lee Schupf 새러리 기업Sara Lee Corporation의 수장으로 과학계 여성의 헌신적인 지지자.

브루스 앨버츠 Bruce Alberts 분자세포생명과학자. 미국 국립과학원 회장, 미국 연구위원회 회장(1993~2005).

메이 베렌바움 May Berenbaum 곤충학자. 일리노이 대학교(어배나, 샘페인) 곤충학과 학과장.

리타 R. 콜웰 Rita R. Colwell 미생물학자. 메릴랜드 대학교 및 존스홉킨스 대학교 석좌교수. 미국 국립과학재단 전 이사장.

크리슈나 포스터 Krishna Foster 캘리포니아 주립대학교(로스앤젤레스) 화학·생화학학과 조교수.

앨런 J. 프리드먼 Alan J. Friedman 물리학자. 뉴욕과학관 관장.

토비 혼 Toby Horn 생명과학자. 워싱턴 카네기협회의 과학교육 카네기 아카데미 공동 소장.

셜리 잭슨 Shirley Jackson 물리학자. 렌셀러 폴리테크닉 연구소 소장.

제인 버틀러 케일 Jane Butler Kahle 생명과학자. 마이애미 대학교(옥스퍼드, 오하이오) 과학교육학과 교수.

바브 랭그리지 Barb Langridge 하워드 카운티 도서관 어린이 전문가. WBAL-TV 어린이 도서 평론가.

제인 루브첸코 Jane Lubchenco 오리건 주립대학교 해양생물학과 동물학 교수. 국제과학협의회 회장.

프레마 마타이-데이비스 Prema Mathai-Davis 미국 YMCA 전 회장.

마르시아 맥너트 Marcia McNutt 지구물리학자. 몬터레이만 아쿠아리움 연구소 소장.

팻 스캘스 Pat Scales 사우스 캐롤라이나 예술인문 거버너스 스쿨 도서관 서비스 회장.

수전 솔로몬 Susan Solomon 대기화학자. 미국 국립해양대기청 초고층 대기 물리학 연구소의 원로 과학자.

셜리 틸먼 Shirley Tilghman 분자생명과학자. 프린스턴 대학교 총장

게리 휠러 Gerry Wheeler 물리학자. 국립과학교사협회 전무이사.

〈도서관 자문단〉

미국 전역의 많은 학교와 공공 도서관이 샘플 디자인과 본문을 친절하게 검토해주었고, 책의 포맷에 관한 질문에 답해주었으며, 책을 발간하는 동안 계속해서 전문적인 자문을 해주었다.

배리 M. 비숍 Barry M. Bishop 도서관 정보 서비스 팀장, 스프링 브랜치 교육청(휴스턴, 텍사스)

대니타 에스트먼 Danita Eastman 어린이 책 평가사, 로스앤젤레스 카운티 공공 도서관(다우니, 캘리포니아)

마사 에드먼드선 Martha Dedmundson 도서관 서비스 코디네이터, 덴튼 공공 도서관(덴튼, 텍사스)

달시 페어 Darcy Fair 어린이 서비스 매니저, 벅스 카운티 도서관(야들리, 펜실베이니아)

캐슬린 핸리 Kathleen Hanley 스쿨 미디어 전문가, 코맥 로드 초등학교, (아이슬립, 뉴욕)
에이미 라우티트 존슨 Amy Louttit Johnson 도서관 프로그램 전문가, 플로리다 주립 도서관 및 기록 보관소(탤러해시, 플로리다)
매리 스탠턴 Mary Stanton 청소년 전문가, 자료 선정 사무국, 휴스턴 공공 도서관(휴스턴, 텍사스)
브랜다 G. 툴 Brenda G. Toole 교육 미디어 서비스 감독관(파나마시티, 플로리다)

〈학생 자문단〉

이 시리즈를 비평하고 평가함으로써 도움을 준 다음 학교와 기관의 학생들에게 감사드린다. 디자인과 이야기 진행에 관한 피드백(개선을 위한 정보나 의견)이 본 프로젝트를 진행하는 데 지대한 영향을 미쳤다.

아그네스 어윈 스쿨(로즈먼트, 펜실베이니아)
라콜리나 중학교(샌타바버라, 캘리포니아)
하커데이 스쿨(댈러스, 텍사스)
중부 메릴랜드 걸스카우트, 주니어 걸스카우트 지구대 #545
중부 메릴랜드 걸스카우트, 주니어 걸스카우트 지구대 #212

도판의 출처

표지, 9, 10 Joshua Buck; 14(위) Paul Sledzik, National Museum of Health and Medicine, Armed Forces Institute of Pathology; (아래) Courtesy Tom Adair and NecroSearch International; 15, 17, 18 Paul Sledzik, National Museum of Health and Medicine, Armed Forces Institute of Pathology; 21 Diane France; 26 Courtesy Terrell Smith; 27 Jessie Cohen, Smithsonian National Zoo; 28, 32, 34, 35(아래, 삽입), 36 Courtesy Diane France; 38 Courtesy Joy Metzger; 43, 45, 46 Courtesy Diane France; 48 Courtesy of University Archives, The Bancroft Library, University of California, Berkeley; 52 Diane France; 56 Corbis/Royalty Free; 59(위) Paul Sledzik, National Museum of Health and Medicine, Armed Forces Institute of Pathology; (아래) National Museum of Health and Medicine, Armed Forces Institute of Pathology; 68 Courtesy Diane France; (삽입) Bryn Mawr College, Marian Coffin Canaday Library; 70 Diane France; 75 Courtesy Tom Adair and NecroSearch International; 77 Reprinted with permission of the Rocky Mountain News, photographers George Kochanec and Doug Stewart, 12/17/85; 82, 83 Courtesy Diane France; 84, 88, 90, 92, 93, 94 Courtesy Tom Adair and NecroSearch International; 96 Courtesy Jim Reed and NecroSearch International; 98 Courtesy Gunnison County, Colorado, Sheriff's Office; 103, 105, 107, 110 Courtesy Gunnison County, Colorado, Sheriff's Office; 111, 113 Courtesy Lakewood, Colorado, Police Department; 116 Library of Congress; 120 © Agence No 7/Corbis Sygma; 123, 124 Sovfoto; 126, 127, 128(위) Courtesy Jim Reed; (아래) East News; 129 Courtesy Diane France; 132 © Rykoff Collection/Corbis; 133 Sovfoto; 138 East News; 141 East News; (삽입) © V.Velengurin/R.P.G./Corbis Sygma; 144 Library of Congress; 147 Courtesy Diane France; 149 Library of Congress; 150 State Historical Society of Missouri, Columbia; 151 Diane France; 154(위) U.S. Naval Historical Center Photograph; (아래) Museum of the Confederacy, Richmond, Virginia, photograph by Katherine Wetzel; 155 Barbara Vulgaris, U.S. Naval Historical Center; 157 Courtesy Friends of the Hunley; 160 Mary Wright; 161 Diane France; 162(위) Diane France; (아래) Jessie Cohen, Smithsonian National Zoo; 164 U.S. Coast Guard; 168 Courtesy Jim Reed and NecroSearch International; 170 Paul Sledzik; 174 Heywood Sawyer; 177 Fort Collins Coloradoan; 178 AP/Wide World Photos; 180 Courtesy Jennifer Fillion, Michigan State University Forensic Anthropology Laboratory; 184 Lorraine Hopping Egan; 186(위) Lorraine Hopping Egan; (아래) Courtesy Jennifer Fillion, Michigan State University Forensic Anthropology Laboratory; 188 Heywood Sawyer; 190 Lorraine Hopping Egan; 191 Diane France.

일러스트 : Kathryn Born

거침없이 도전한 여성 과학자 07
빼 탐정 : 법의인류학자 다이앤 프랜스

1판 1쇄 2017년 10월 20일
1판 4쇄 2020년 9월 23일

글쓴이 로렌 진 호핑
기획 한국여성과총 교육홍보출판위원회
옮긴이 한국여성과총 교육홍보출판위원회
강인숙 권오남 김인선 남영미 박진아 변인경 여의주 이숙경 이종은 조성경 최영림 홍은주
펴낸이 김정순
편집 허영수 주이상
디자인 김진영
마케팅 양혜림 이지혜
펴낸곳 (주)북하우스 퍼블리셔스
출판등록 1997년 9월 23일 제406-2003-055호
주소 04043 서울시 마포구 양화로 12길 16-9(서교동 북앤빌딩)
전자우편 henamu@hotmail.com
홈페이지 www.bookhouse.co.kr
전화번호 02-3144-3123
팩스 02-3144-3121

ISBN 978-89-5605-819-1 04400
978-89-5605-777-4 (세트)

* 본 출간 사업은 과학기술진흥기금 및 복권기금의 지원을 받아 진행되었습니다.

이 도서의 국립중앙도서관 출판예정도서목록(CIP)은 서지정보유통지원시스템(http://seoji.nl.go.kr)과 국가자료종합목록 구축시스템(http://kolis-net.nl.go.kr)에서 이용하실 수 있습니다.
(CIP제어번호: CIP2017024764)